黑龙江省精品工程专项资金资助出版

燃气轮机实用性能分析

RANQILUNJI SHIYONG XINGNENG FENXI

● 闻雪友 著

哈尔滨工程大学出版社
Harbin Engineering University Press

内容简介

本书共三章，以小偏差法为主线，讲述了燃气轮机各部件的小偏差方程式、定型发动机参数的互相影响、选择发动机的最佳参数、双轴燃气轮机实用性能分析表、三轴燃气轮机实用性能分析表以及试验验证等内容。本书在介绍小偏差法理论的基础上结合船舶以及工业燃气轮机的特点，编制双轴、三轴燃气轮机的实用性能分析表，使之既有小偏差法计算的简明特点，又有可供工程分析的使用精度。

本书可作为高等学校能源动力类、航空航天类专业的教科书，也可供相关科技工作者参考使用。

图书在版编目(CIP)数据

燃气轮机实用性能分析/闻雪友著. —哈尔滨：哈尔滨工程大学出版社，2020.8

ISBN 978-7-5661-2476-0

Ⅰ. ①燃…　Ⅱ. ①闻…　Ⅲ. ①燃气轮机-性能分析　Ⅳ. ①TK47

中国版本图书馆 CIP 数据核字(2019)第 246067 号

选题策划：卢尚坤　史大伟
责任编辑：张志雯　宗盼盼
封面设计：博鑫设计

出版发行　哈尔滨工程大学出版社
社　　址　哈尔滨市南岗区南通大街 145 号
邮政编码　150001
发行电话　0451-82519328
传　　真　0451-82519699
经　　销　新华书店
印　　刷　哈尔滨市石桥印务有限公司
开　　本　787 mm×1 092 mm　1/16
印　　张　5.5
字　　数　100 千字
版　　次　2020 年 8 月第 1 版
印　　次　2020 年 8 月第 1 次印刷
定　　价　98.00 元

http://www.hrbeupress.com
E-mail:heupress@hrbeu.edu.cn

前　　言

本书是笔者对两个时期的工作总结。1972 年,笔者进行 407 机组整机试验前完成了双轴燃气轮机实用性能分析表部分,而且在整机性能调试中确实感到该表非常简明、实用、有效,有“一表”如手册之感;且在整机上进行了动力涡轮导向器面积调整对整机性能影响的详细试验研究后,证实了该方法的工程精度;其后研制 401 - Ⅱ机时也应用了本书所述的方法。1981 年,为配合 410 机(斯贝舰改)研制,笔者完成了三轴燃气轮机实用性能分析表部分。由于三轴机组参数间相互影响更为复杂,在试验过程中更感到本书方法简明、概念清晰、计算异常快速的优点。

在新燃气轮机研制,甚至批量生产发动机的过程中,由于设计、制造、装配各环节的种种因素,可能导致发动机的主要数据与技术要求有某种程度的不符而需要一些调整,为此需研究发动机参数间的相互影响,通常这种研究分析工作是复杂的,而且计算量很大。

本书将契尔凯兹提出并用于航空发动机的工程小偏差计算法原理应用于船舶及工业燃气轮机,并针对船舶与工业燃气轮机的特点改进了计算方法,使之既有小偏差法计算简明的特点,又有可供工程分析使用的精度。

本书主要特点如下:

(1)舍弃原方法把动力涡轮一级导向器视作临界喷口的假定,根据船舶及工业用燃气轮机动力涡轮—导喉部截面处的流动状态并非非常接近临界的实际情况,通过把工作过程小偏差方程与涡轮逐列小偏差方程相结合的方法,摆脱了“临界喷口”的假定,计入了导向器面积变化对无因次密流 $q(\lambda)$ 的影响。

(2)本书提出的矩阵表可用于双轴燃气轮机、三轴燃气轮机、各种涡轮级数,可以是新设计或定型的发动机,并概括了各种燃气轮机的调节规律。借助这些表格,可对一些工程问题做出快速反应。

(3)在燃气轮机上做了涡轮导向器面积调正对发动机性能影响的大型试验研究。实测与两种计算方法的对比结果表明,这一改进在改善计算结果的精度方面取得了实效。

实用性能分析表已在多型燃气轮机研制工作中获得实际应用。

著　者

前言

目　　录

绪　　论

若表示某函数过程的两个变量间有如下函数关系：

$$y=f(x)\text{，且当 } x=a \text{ 时 } y=b$$

则所讨论的小偏差方法的实质在于利用线性关系求得 y 和 x 值的增量间的关系，即

$$\Delta y=f'(a)\Delta x \tag{0-1}$$

其中，$\Delta x=x-a$；$\Delta y=y-b$。

式(0-1)是近似的，与用泰勒级数表示的精确式比较就可以看出。

$$\Delta y=f'(a)x+\frac{1}{2}f''(a)\Delta x^2+\frac{1}{3}f'''(a)\Delta x^3+\cdots \tag{0-2}$$

利用式(0-1)就是忽略了式(0-2)中右边从第二项起的以后各项。由微分学可知，当 Δx 相当小时，所忽略的项与第一项比起来是很小的。

图0-1所示为函数 $y=f(x)$ 的微分和增量。

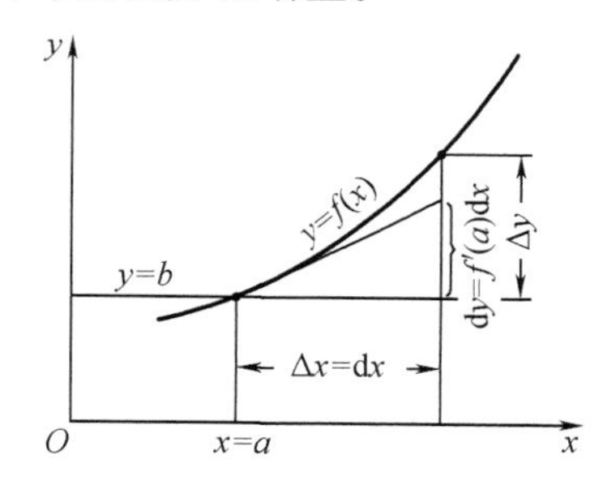

图0-1　函数 $y=f(x)$ 的微分和增量

若函数 y 取决于若干变量且过程由一系列函数决定，即

$$y=f_1(x,t,r)$$
$$z=f_2(x,t,r,y)$$

同前，可列出联系各变量的齐次线性方程组

$$\Delta y\approx \mathrm{d}y=c_1\Delta x+c_2\Delta t+c_3\Delta r$$
$$\Delta z\approx \mathrm{d}z=c_4\Delta x+c_5\Delta t+c_6\Delta r+c_7\Delta y$$

其中，$c_1=\frac{\partial f_1}{\partial x}$、$\Delta c_2=\frac{\partial f_1}{\partial t}$、$c_3=\frac{\partial f_1}{\partial r}$、$c_4=\frac{\partial f_2}{\partial x}$等是数值系数，等于在相应的初始点(即 $x=x_0$、$t=t_0$、$r=r_0$)的偏导数值。

因此，小偏差方法是使表示某种现象的关系式线性化的一种方法，用来简化复杂方程组的求解及分析。

当把发动机的工作过程方程化为小偏差形式时，方程式的数目或未知数的数目都没有改变，因此小偏差方程组的可解性与原方程组相同。应用小偏差方法有如下优点：

(1)把联系工作过程参数的复杂方程组的求解化为联系参数与其原始偏差量的线性方程组的求解。求解方便，计算工作量大为缩减。

(2)无论问题多么复杂及变量数目多少，所得的解总可表示为明显的解析关系式，便于做一般情况的分析。这一点用通常的计算方法往往是不可能实现的。

(3)在研究定型发动机的问题时，利用小偏差公式列出影响系数表尤为简便、实用。

第 1 章　双轴燃气轮机的小偏差工程计算分析法

本章主要符号

P_a、T_a	大气压力、温度
P_v、T_v	压气机进口滞止气流的总压和总温
P_k、T_k	压气机出口滞止气流的总压和总温
P_g、T_g	高压涡轮前滞止气流的总压和总温
P_t、T_t	高压涡轮后滞止气流的总压和总温
P_d、T_d	动力涡轮前滞止气流的总压和总温
P_h、T_h	动力涡轮后滞止气流的总压和总温
P_c、T_c	排气管出口处滞止气流的总压和总温
$\pi_{t_1}=\dfrac{P_g}{P_t}$	高压涡轮膨胀比
$\pi=\dfrac{P_k}{P_v}$	压气机增压比
$\pi_\Sigma=\dfrac{P_d}{P_a}$	把动力涡轮一级导向器视作“喷口”时的“喷口”内外压力比
G_{B}	通过压气机的每秒空气流量
G_{T}	燃烧室每小时的燃油消耗量
$\pi_{t_2}=\dfrac{P_d}{P_h}$	动力涡轮膨胀比
$\pi_c=\dfrac{P_c}{P_a}$	排气管内外压力比(膨胀比,全压/静压)
C_{e}	发动机的耗油度
N_{B}	发动机功率
$q(\lambda_{c,a})$、$q(\lambda'_{c,a})$	高压涡轮、动力涡轮一级导向器的速度系数的气动函数
π_1、π_2、π_3、π_4	高压涡轮逐圈膨胀比
$q(\lambda_2)$、$q(\lambda_3)$、$q(\lambda_4)$	高压涡轮 2,3,4 圈的速度系数的气动函数
π'_1、π'_2、π'_3、π'_4	动力涡轮逐圈膨胀比
$q(\lambda'_2)$、$q(\lambda'_3)$、$q(\lambda'_4)$	动力涡轮 2,3,4 圈的速度系数的气动函数
$\pi_{1\mathrm{T}}$、$\pi_{2\mathrm{T}}$	高压涡轮第一级、第二级膨胀比
$\pi'_{1\mathrm{T}}$、$\pi'_{2\mathrm{T}}$	动力涡轮第一级、第二级膨胀比
T_t	高压涡轮第一级出口燃气滞止温度
T_h	动力涡轮第一级出口燃气滞止温度
$\sigma_v=\dfrac{P_v}{P_a}$	进气管总压恢复系数

R	燃气发生器的推力
$\sigma_g = \dfrac{P_g}{P_k}$	燃烧室总压恢复系数
$\sigma_d = \dfrac{P_d}{P_t}$	中间扩压器总压恢复系数
$\sigma_c = \dfrac{P_c}{P_h}$	排气管总压恢复系数
η_k	压气机效率
η_{t_1}、η_{t_2}	高压涡轮和动力涡轮的效率
η_{1T}、η'_{1T}	高压涡轮和动力涡轮第一级的效率
η_m	动力涡轮(或可包括减速器)机械效率
$q = 1 - \dfrac{\Delta G}{G_B}$	压气机末级空气相对抽气量,ΔG 为从压气机末端抽出的空气量
$F_{c,a}$、$F'_{c,a}$	高压涡轮和动力涡轮一级导向器面积
F_1、F_2、F_3、F_4	高压涡轮第 1,2,3,4 圈面积
F'_1、F'_2、F'_3、F'_4	动力涡轮第 1,2,3,4 圈面积

1.1　各部件工作过程中的小偏差方程式

图 1－1 所示为带动力涡轮的双轴燃气轮机。有两点说明:①本章中一律使用滞止气流参数;②设空气之比热比值 $K = \dfrac{C_p}{C_v} = 1.4$,而燃气的 $K = 1.33$。

1.1.1　压气机中空气压缩过程方程

压气机内压缩每千克空气所消耗的功为

$$L_k = \frac{K}{K-1} R T_v (\pi_k^{0.286} - 1) \frac{1}{\eta_k} \tag{1-1}$$

两边取对数

$$\ln L_k = \ln\left(\frac{K}{K-1}R\right) + \ln T_v + \ln(\pi_k^{0.286} - 1) - \ln \eta_k$$

再将所得方程微分,并引用 $\mathrm{d}(\ln x) = \dfrac{\mathrm{d}x}{x}$,得

$$\frac{\mathrm{d}L_k}{L_k} = \frac{\mathrm{d}T_v}{T_v} + \frac{0.286\pi_k^{0.286}}{\pi_k^{0.286} - 1} \cdot \frac{\mathrm{d}\pi_k}{\pi_k} - \frac{\mathrm{d}\eta_k}{\eta_k}$$

相对偏差采用符号 $\dfrac{\Delta L_k}{L_k} \approx \dfrac{\mathrm{d}L_k}{L_k} \approx \delta L_k$, $\dfrac{\Delta T_v}{T_v} \approx \dfrac{\mathrm{d}T_v}{T_v} = \delta T_v$,于是可写成

$$\delta L_k = \delta T_v + K_1 \delta\pi_k - \delta\eta_k \tag{1-2}$$

式中
$$K_1 = \frac{0.286\pi_k^{0.286}}{\pi_k^{0.286} - 1} \tag{1-3a}$$

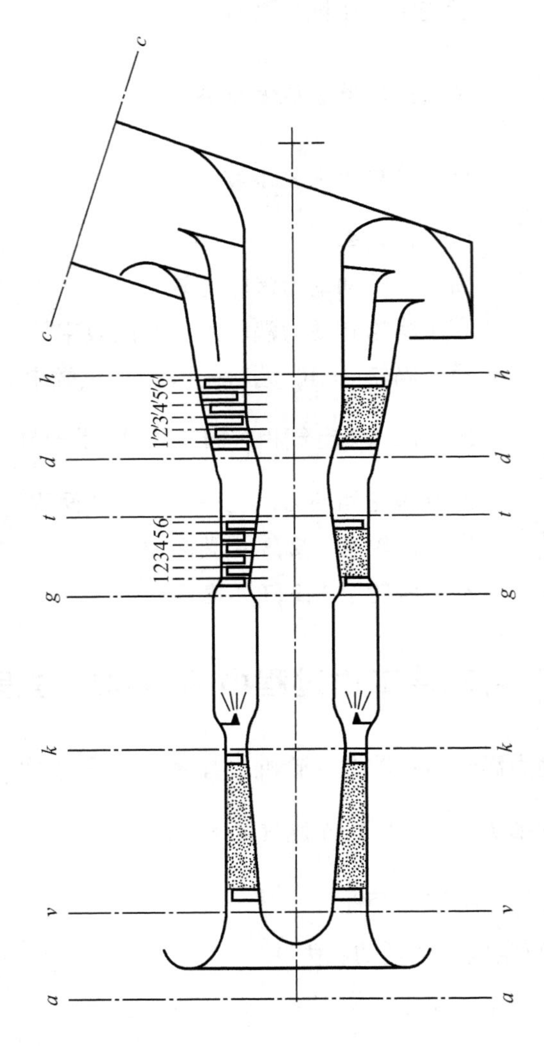

图 1－1　带动力涡轮的双轴燃气轮机示意图

压缩功与压气机内空气的温升有如下关系

$$\Delta T_k = T_k - T_v = \frac{K-1}{KR} L_k \tag{1-3b}$$

取对数

$$\ln(\Delta T_k) = \ln\frac{K-1}{KR} + \ln L_k$$

微分得

$$\delta(\Delta T_k) = \delta L_k \tag{1-4}$$

求压气机出口温度相对改变量与 T_v、π_k、η_k 改变量之间的关系，由方程

$$T_k = T_v + \Delta T_k$$

取对数

$$\ln T_k = \ln(T_v + \Delta T_k)$$

并微分

$$\frac{\mathrm{d}T_k}{T_k} = \frac{\mathrm{d}T_v}{T_v + \Delta T_k} + \frac{\mathrm{d}(\Delta T_k)}{T_v + \Delta T_k}$$

改写成

$$\delta T_k = \frac{T_v}{T_v + \Delta T_k}\delta T_v + \frac{\Delta T_k}{T_v + \Delta T_k}\delta(\Delta T_k) \tag{1-5}$$

设

$$K_2 = \frac{\Delta T_k}{T_v + \Delta T_k} = \frac{1}{1 + \dfrac{\eta_k}{\pi_k^{0.286} - 1}} \tag{1-6}$$

则

$$\frac{T_v}{T_v + \Delta T_k} = 1 - K_2$$

用式(1－4)、式(1－6)、式(1－2)将式(1－5)改写成

$$\delta T_k = (1 - K_2)\delta T_v + K_2(\delta T_v + K_1\delta\pi_k - \delta\eta_k) \tag{1-7a}$$

即

$$\delta T_k = \delta T_v + K_1 K_2 \delta\pi_k - K_2\delta\eta_k \tag{1-7b}$$

1.1.2　涡轮内气体膨胀过程方程式

涡轮内每千克气体膨胀做功为

$$L_t = \frac{K}{K-1}RT_g\left(1 - \frac{1}{\pi_t^{0.25}}\right)\eta_t \tag{1-8}$$

$$\ln L_t = \ln\left(\frac{K}{K-1}R\right) + \ln T_g + \ln\left(1 - \frac{1}{\pi_t^{0.25}}\right) + \ln \eta_t$$

$$\frac{\mathrm{d}L_t}{L_t} = \frac{\mathrm{d}T_g}{T_g} + \frac{0.25\pi_t^{-0.25}}{1 - \pi_t^{-0.25}} \cdot \frac{\mathrm{d}\pi_t}{\pi_t} + \frac{\mathrm{d}\eta_t}{\eta_t}$$

$$\delta L_t = \delta T_g + \delta\eta_t + K_3\delta\pi_t \tag{1-9}$$

$$K_3 = \frac{0.25}{\pi_t^{0.25} - 1} \tag{1-10}$$

涡轮出口气流温度为

$$T_t = T_g - \Delta T_t$$

如式(1－5)写成

$$\delta T_t = \frac{T_g}{T_g - \Delta T_t}\delta T_g - \frac{\Delta T_t}{T_g - \Delta T_t}\delta(\Delta T_t)$$

则因

$$\delta(\Delta T_t) = \delta L_t = \delta T_g + \delta\eta_t + K_3\delta\pi_t$$

设

$$K_4 = \frac{\Delta T_t}{T_g - \Delta T_t} = \frac{1}{\dfrac{1}{\eta_t(1-\pi_t^{-0.25})} - 1} \tag{1-11}$$

所以

$$\delta T_t = (K_4+1)\delta T_g - K_4(\delta T_g + \delta\eta_t + K_3\delta\pi_t)$$

或

$$\delta T_t = \delta T_g - K_4\delta\eta_t - K_3K_4\delta\pi_t \tag{1-12}$$

导向器流量公式为

$$G_g = m\frac{P_gF_{c,a},q(\lambda_{c,a})}{\sqrt{T_g}} \tag{1-13}$$

两边取对数并微分得

$$\delta G_g = \delta P_g + \delta F_{c,a} - \frac{1}{2}\delta T_g + \delta q(\lambda_{c,a}) \tag{1-14}$$

1.1.3 燃烧室内气体加热过程方程式

每小时的燃料耗量为

$$G_t = \frac{3\,600G_g(C_{pg}T_g - C_{pk}T_k)}{H_u\eta_g} \tag{1-15}$$

式中 C_{pg}——压气机后定压热容；

C_{pk}——涡轮前定压热容；

H_u——燃料低发热量；

η_g——燃烧室效率。

用过程的平均等压比热值$\overline{C}_p$来表示，则有

$$\overline{C}_p(T_g - T_k) = C_{pg}T_g - C_{pk}T_k$$

因此

$$G_T = \frac{3\,600\,\overline{C}_p}{H_u}q\left(1+\frac{1}{\alpha L_0}\right)\frac{G_B(T_g - T_k)}{\eta_g} \tag{1-16}$$

式中

$$q\left(1+\frac{1}{\alpha L_0}\right) = \frac{G_g}{G_B}$$

设$\overline{C}_p$及$1+\dfrac{1}{\alpha L_0}$为常数，则式(1-16)可写成

$$\delta G_g = \delta G_B - \delta\eta_g + \frac{T_g}{T_g - T_k}\delta T_g - \frac{T_k}{T_g - T_k}\delta T_k + \delta q$$

或

$$\delta G_{\mathrm{T}}=\delta G_{\mathrm{B}}-\delta\eta_{g}+K_{5}\delta T_{4}-(K_{5}-1)\delta T_{k}+\delta q \tag{1-17}$$

式中

$$K_{5}=\frac{T_{g}}{T_{g}-T_{k}} \tag{1-18}$$

1.1.4 “喷口”排气过程方程式

“喷口”内燃气流量方程为

$$G_{g}=m\frac{P_{c}F_{c}q(\lambda_{c})}{\sqrt{T_{c}}}$$

当 $R=29.4\ \mathrm{kg\cdot m/(kg\cdot ℃)}$，$K=\dfrac{C_{p}}{C_{v}}=1.33$ 时 $m=0.389$。

用小偏差表示为

$$\delta G_{g}=\delta P_{c}+\delta F_{c}-\frac{1}{2}\delta T_{c}+\delta q(\lambda_{c})$$

现在变换 $\delta q(\lambda_{c})$ 值，为此用“喷口”内的压力比 $\pi=\dfrac{P_{c}}{P_{H}}$ 表示速度系数 λ_{c}。根据已知方程式，在亚临界流动状态下，设喷管内燃气完全膨胀。

$$\pi_{c}=\frac{1}{\prod(\lambda_{c})}=\left(1-\frac{K-1}{K+1}\lambda_{c}^{2}\right)^{\frac{K}{1-K}}$$

或写成

$$\lambda_{c}=\sqrt{\frac{K+1}{K-1}(1-\pi_{c}^{-0.25})}$$

$q(\lambda_{c})$ 的表示式为

$$q(\lambda)=\left(\frac{K+1}{2}\right)^{\frac{1}{K+1}}\lambda\left(1-\frac{K-1}{K+1}\lambda^{2}\right)^{\frac{1}{K-1}}$$

将 λ_{c} 代入，得

$$\begin{aligned}q(\lambda_{c})&=\left(\frac{K+1}{2}\right)^{\frac{1}{K-1}}\lambda_{c}\left(1-\frac{K-1}{K+1}\lambda_{c}^{2}\right)^{\frac{1}{K-1}}\\&=\left(\frac{K+1}{2}\right)^{\frac{1}{K-1}}\cdot\frac{1}{\pi_{c}^{\frac{1}{K}}}\cdot\sqrt{\frac{K+1}{K-1}(1-\pi_{c}^{-0.25})}\end{aligned}$$

在方程两边取对数，再微分，得 π_{c} 和 $q(\lambda_{c})$ 的微小相对偏差量间的关系式

$$\ln q(\lambda_{c})=\ln\left(\frac{K+1}{2}\right)^{\frac{1}{K-1}}+\ln\pi_{c}^{-\frac{1}{K}}+\ln\left(\frac{K+1}{K-1}\right)^{\frac{1}{2}}+\ln(1-\pi_{c}^{-0.25})^{\frac{1}{2}}$$

$$\frac{\mathrm{d}q(\lambda_{c})}{q(\lambda_{c})}=\frac{-\frac{1}{K}\pi_{c}^{-1}\cdot\mathrm{d}\pi_{c}}{\pi_{c}^{-\frac{1}{K}}}+\frac{\frac{1}{2}(1-\pi_{c}^{-0.25})^{\frac{1}{2}}\times0.25\pi_{c}^{-0.25}\cdot\pi_{c}^{-1}\cdot\mathrm{d}\pi_{c}}{(1-\pi_{c}^{-0.25})^{\frac{1}{2}}}$$

$$\delta q(\lambda_{c})=\frac{1}{2}\left(\frac{0.25}{\pi_{c}^{0.25}-1}-\frac{2}{K}\right)\delta\pi_{c}$$

设

$$K_6 = \frac{0.125}{\pi_c^{0.25} - 1} - 0.75 \tag{1-19}$$

最后得

$$\delta q(\lambda_c) = K_6 \delta \pi_c \tag{1-20}$$

压力比越接近临界值，$q(\lambda_c)$的变化越小。当 $\pi_c \geqslant 1.85$ 时，普通非扩张喷口的 $q(\lambda_c) = 1$，$K_6 = 0$。有时要求不通过膨胀比 π_c 来求 K_6，而按速度系数 λ_c 来计算，为避免多余的计算，此时可方便地使用下列方程式来计算

$$K_6 = \frac{K+1}{2K}\left(\frac{1}{\lambda_c^2} - 1\right) \quad (\lambda_c \leqslant 1)$$

1.1.5 由压气机和涡轮特性线所决定的参数间的关系

通常没有 $\overline{G}_B$、η_k 与 π_k 的解析关系式，所以用图解法来近似求得（图 1-2）。

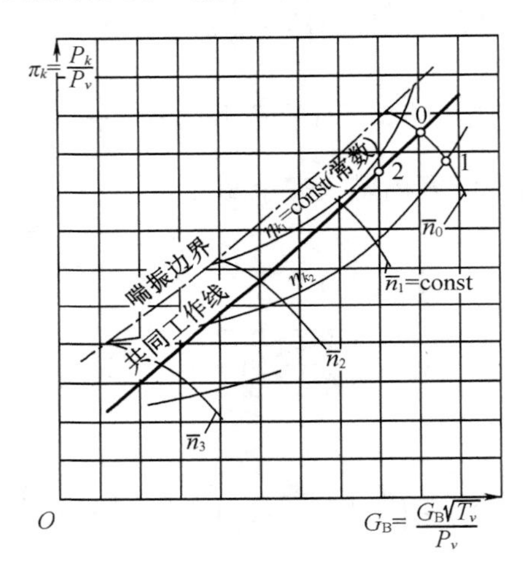

图 1-2 压气机特性线

在折合转速不变时，在指定的 $\overline{n}$ 常数线上的 0 点（相当于压气机起始参数 π_{k0}、$\overline{G}_{B0}$、η_{k0}）附近，选第二点 1，该点的参数分别为 π_{k1}、$\overline{G}_{B1}$、η_{k1}，于是可列出下式

$$\frac{\delta \overline{G}_B}{\delta \pi_k} \approx \frac{\overline{G}_{B1} - \overline{G}_{B0}}{\overline{G}_{B0}} \cdot \frac{\pi_{k0}}{\pi_{k1} - \pi_{k0}} = K_{10} \tag{1-21}$$

$$\frac{\delta \eta_k}{\delta \pi_k} \approx \frac{\eta_{k1} - \eta_{k0}}{\eta_{k0}} \cdot \frac{\pi_{k0}}{\pi_{k1} - \pi_{k0}} = K_{11} \tag{1-22}$$

所以，若研究发动机在换算转速不变时的工作情况，压气机特性线的小偏差方程有下列形式

$$\delta \overline{G}_B = K_{10} \cdot \delta \pi_k \tag{1-23}$$

$$\delta \eta_k = K_{11} \cdot \delta \pi_k \tag{1-24}$$

用$\overline{G}_B=\frac{G_B\sqrt{T_v}}{P_v}$可将式(1-23)写成

$$\delta G_B=K_{10}\delta\pi_k+\delta P_v-\frac{1}{2}\delta T_v \tag{1-25}$$

在研究工作点沿涡轮和压气机的共同工作线移动时(即折合转速改变时),工作状态线方程可由通过涡轮和压气机的流量相等方程式和主轴功率平衡方程式求得。

功率平衡方程为

$$G_g L_t \eta_m=G_B L_k$$

流量方程为

$$G_B=\frac{G_g}{1+\frac{1}{\alpha L_0}}$$

故

$$L_t\cdot\eta_m\left(1+\frac{1}{\alpha L_0}\right)=L_k$$

$$\frac{K}{K-1}RT_g\left(1-\frac{1}{\pi_t^{0.25}}\right)\eta_t\cdot\eta_m\left(1+\frac{1}{\alpha L_0}\right)=T_v(\pi_k^{0.286}-1)\frac{1}{\eta_k}\cdot\frac{K}{K-1}R$$

得燃气温度

$$T_g=0.87T_v\cdot\frac{\pi_k^{0.286}-1}{(1-\pi_t^{-0.25})\eta_k\eta_t}\cdot\frac{1}{\eta_m\left(1+\frac{1}{\alpha L_0}\right)}$$

设$\eta_m\left(1+\frac{1}{\alpha L_0}\right)\approx 1$,则

$$\frac{G_B\sqrt{T_v}}{P_v}=\overline{G}_B=\frac{G_t\sqrt{T_v}}{\left(1+\frac{1}{\alpha L_0}\right)P_v}=\frac{0.389P_gF_{c,a}q(\lambda_{c,a})\sqrt{T_v}}{\left(1+\frac{1}{\alpha L_0}\right)\sqrt{T_g}\cdot P_v}$$

代入T_g表示式及$P_g=P_v\pi_k\sigma_g$,整理得

$$\overline{G}_B=0.425\sigma_g F_{c,a}q(\lambda_{c,a})\pi_k\sqrt{\frac{1-\pi_t^{-0.25}}{\pi_k^{0.286}-1}}\cdot\frac{\sqrt{\eta_k\eta_t}}{1+\frac{1}{\alpha L_0}} \tag{1-26}$$

若所研究的发动机结构尺寸不变,即$F_{c,a}=\text{const}$和$q(\lambda_{c,a})=\text{const}$,此外在折合转速的很大变化范围内,可设$\sigma_g=\text{const}$和$\eta_t=\text{const}$,于是工作状态线性方程成为下列形式

$$\overline{G}_B=\text{const}\cdot\frac{\pi_k}{\sqrt{\pi_k^{0.286}-1}}\cdot\sqrt{\eta_k}\cdot\sqrt{1-\pi_t^{-0.25}} \tag{1-27}$$

其小偏差形式为

$$\delta\overline{G}_B=\delta\pi_k-\frac{1}{2}\delta(\pi_k^{0.286}-1)+\frac{1}{2}\delta\eta_k+\frac{1}{2}\delta(1-\pi_t^{-0.25})$$

或

$$\delta \overline{G}_B = \delta\pi_k - \frac{1}{2}K_1\delta\pi_k + \frac{1}{2}\left(\frac{\delta\eta_k}{\delta\pi_k}\right)\delta\pi_k + \frac{1}{2}K_3\delta\pi_t$$

或

$$\delta \overline{G}_B = \left(1 - \frac{1}{2}K_1 + \frac{1}{2}K'_{11}\right)\delta\pi_k + \frac{1}{2}K_3\delta\pi_t \tag{1-28}$$

其中,K'_{11}按压气机特性共同工作线上相邻两点(0 和 2)的 π_k 与 η_k 值计算,得

$$K'_{11} = \frac{\eta_{k2} - \eta_{k0}}{\eta_{k0}} \cdot \frac{\pi_{k0}}{\pi_{k2} - \pi_{k0}} \tag{1-29}$$

$$\delta\eta_k = K'_{11} \cdot \delta\pi_k \tag{1-30}$$

当工作点沿共同工作线移动时,从压气机特性线上还可求出另一个关系式,即换算转速的微小偏差与 π_k 的相应改变量之间的关系。为此,在靠近工作点 0 处可求出

$$K_{12} = \frac{\pi_{k2} - \pi_{k0}}{\pi_{k0}} \cdot \frac{\overline{n}_0}{\overline{n}_2 - \overline{n}_0} \tag{1-31}$$

以后可设,在参数相当微小的变化范围

$$\delta\pi_k = K_{12} \cdot \delta\,\overline{n} \tag{1-32a}$$

或

$$\delta\pi_k = K_{12}\left(\delta n - \frac{1}{2}\delta T_v\right) \tag{1-32b}$$

从所得的关系中很容易建立系数 K_{12} 与压气机功随转速变化规律间的关系。实际上,在 T_v = const 下,所讨论共同工作线范围内有

$$L_k = \text{const} \cdot \overline{n}^a$$

则

$$\delta L_k = a\delta\,\overline{n}$$

另一方面,根据式(1-2),当 T_v = const 时,有

$$\delta L_k = K_1\delta\pi_k - \delta\eta_k$$

再由方程(1-30)可得

$$(K_1 - K'_{11})\delta\pi_k = a\delta\,\overline{n}$$

或

$$\delta\pi_k = \frac{a}{K_1 - K'_{11}}\delta\,\overline{n}$$

上述与式(1-32a)比较,即可知

$$K_{12} = \frac{a}{K_1 - K'_{11}}$$

对现代压气机来说,在不大的工况范围内,指数值 $a \approx 2$(功约正比于转速的平方),由于通常 K'_{11} 与 K_1 相比很小,因此可近似认为

$$K_{12} \approx \frac{2}{K_1} \tag{1-33}$$

在不知道该工况的压气机特性时，可以用式(1－33)的近似关系。

在变折合转速条件下推导时，曾假设 $q(\lambda_{c,a})=\text{const}$ 和 $\eta_t=\text{const}$，现在对其假设的合理性进行讨论。

在 Re 的自模区内，透平的工作工况由两个相似准则确定，即 π_t 和 $\frac{n}{\sqrt{T_g}}$。根据现代发动机燃气透平的特性，在主要运行工况范围内，$q(\lambda_{c,a})$ 和 η_t 值的可能变化，比起引起它们变化的 π_t 和 $\frac{n}{\sqrt{T_g}}$ 来是一个更高阶的小量。

在导向器中为高亚音速气流时，很大的总压降变化仅导致 $q(\lambda_{c,a})$ 值的极小变化，如果 $\lambda_{c,a}\approx 1$，则 $q(\lambda_{c,a})=\text{const}$。由 $\frac{n}{\sqrt{T_g}}$ 变化引起的导向器中压降的变化也同样对 $q(\lambda_{c,a})$ 影响很小。例如，某现代燃气涡轮的特性给出，在工况 $\frac{\bar{n}}{n_{\max}}=0.8\sim1.0$ 的范围内，在 π_t 减小 10%～15%或 $\frac{n}{\sqrt{T_g}}$ 增加 8%～10%的条件下，$q(\lambda_{c,a})$ 减小不到 1%。

在发动机的主要运行工况范围内，正确设计的透平是在其特性线上接近于最佳效率线 $\eta_t=f\left(\pi_t,\frac{n}{\sqrt{T_g}}\right)$ 或 $\eta_t=f\left(\frac{u}{c_1}\right)$ 附近的平坦段工作的，因此任何工作过程参数的变化都会影响 π_t 和 $\frac{n}{\sqrt{T_g}}$，同时也仅伴随着 η_t 的微小变化。根据一双级涡轮的涡喷发动机的试验特性，当 π_t 或 $\frac{n}{\sqrt{T_g}}$ 与计算值偏离 10%以上时，效率变化仅为 1%。

当讨论发动机参数的相互影响时，在很多情况下可以忽略 $q(\lambda_{c,a})$ 和 η_t 如此小的变化，这样在计算中就无须考虑涡轮特性，取 $\eta_t=\text{const}$，$q(\lambda_{c,a})=\text{const}$ 即可。

然而，在某些情况下却不能忽略 $q(\lambda_{c,a})$ 和 η_t 的这种变化。例如：

①在进行导向器面积变化时工作过程参数偏差的计算时；

②在进行燃气涡轮发动机低工况（即 π_t、$\lambda_{c,a}$ 和 $\frac{n}{\sqrt{T_g}}$ 很小时）工作分析时；

③在双轴燃气发动机中，动力涡轮的效率在过渡到非设计工况时可能有重要的变动，此时，需要在计算中设法考虑这些因素。

1.1.6　涡轮总参数与元件参数间变化的相互关系

对涡轮中的每一叶列（称之为每“圈”）建立小偏差方程（连续方程、压比方程），联解这一系列方程可求得每列中全压比、$q(\lambda)$ 变化与总膨胀比 $\delta\pi_t$ 及各圈喉部面积变化间的关系。

这里研究的是元件（各级中的导叶、动叶）因透平总膨胀比 π_t 或透平叶列中的任一圈通流面积变化所引起的参数的变化。透平总参数变化与元件参数间变化的相互关系是极其复杂的，得到一般结果是困难的。可用小偏差法得到上述关系，阐明多级透平工作过程的某些规律性。

将燃气通过多级透平的流动表示为图1－3所示的气动系统图。

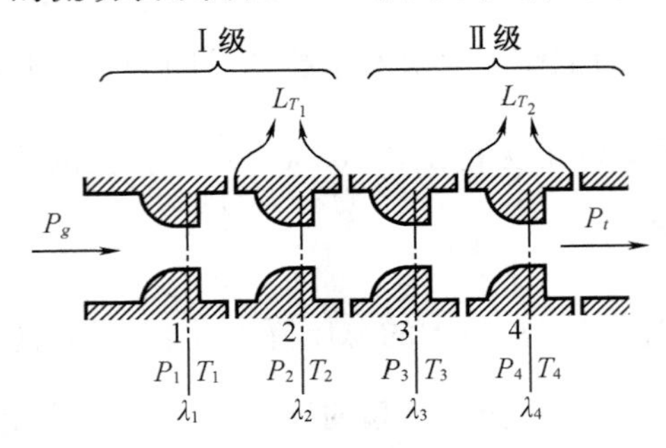

P_1、P_2、P_3、P_4—全压；T_1、T_2、T_3、T_4—总温；λ_1、λ_3—导叶最小截面气流绝对速度系数；λ_2、λ_4—动叶最小截面气流相对速度系数。

图1－3 透平中气流渐次膨胀的气动系统

气流从全压 P_g 膨胀到 P_t，经过若干收敛槽道，速度未超过音速。在每个喉部中膨胀后（称之为膨胀级），燃气损失了部分速度头，消耗于做外功 L；剩余的速度头保持在气流中并确定了在下一喉部的全压值。因此，在每个喉部中全压和总温总是比前一个小；全压和总温间的变化关系在理想情况下是绝热的，对于多变过程的绝热效率损失是确定的，其他损失全部计入效率值 η，这样槽道中的全压降可以不单独考虑。

透平中的每一导、动叶是这样的膨胀级：当从一个膨胀级过渡到下一个膨胀级时速度头损失与它们的相对旋转有关（图1－3）。

这样，图1－3表示了二级透平的工作过程：1、3膨胀级相应于导叶，2、4膨胀级相应于动叶。喉部的气流速度（或图1－3上的速度系数）相当于与该膨胀级有关的参数。

下面对问题求解。在某初始工况工作的双级透平给出了在元件中的全部气流参数（图1－3）及速度三角形，要求阐明当给定总压降及喉部面积变化量时在每一膨胀级中压比及速度值（或折合流量，气动函数 $q(\lambda)$）的变化，设转速为常数，而以后再讨论 $n\neq \text{const}$ 的情况。

首先，给出压比方程，即

$$\frac{P_g}{P_t}=\frac{P_1}{P_2}\cdot\frac{P_2}{P_3}\cdot\frac{P_3}{P_4}\cdot\frac{P_4}{P_t}$$

或

$$\pi_t=\pi_1\pi_2\pi_3\pi_4$$

由此得小偏差的第一个方程

$$\delta\pi_t=\delta\pi_1+\delta\pi_2+\delta\pi_3+\delta\pi_4 \tag{1-34}$$

进而利用流量表示式（1－13），在Ⅰ级透平的导、动叶中建立连续方程，有

$$\frac{P_1F_1q(\lambda_1)}{\sqrt{T_1}}=\frac{P_2F_2q(\lambda_2)}{\sqrt{T_2}}$$

考虑到$\frac{P_1}{P_2}=\pi_1$，得到下面小偏差方程

$$\delta\pi_1=\delta F_2-\delta F_1+\delta q(\lambda_2)-\delta q(\lambda_1)+\frac{1}{2}(\delta T_1-\delta T_2) \tag{1-35}$$

所得的方程尚可简化，温度和 $q(\lambda)$ 值的变化通过全压变化来表示，为此引用以前导出的关系。

基于方程(1-12)有

$$\delta T_2=\delta T_1-K_3K_4\delta\pi_1-K_4\delta\eta_1$$

当 π_1 变化很小时，膨胀过程效率的变化可忽略，这样方程(1-35)右边最后一项写成

$$\frac{1}{2}(\delta T_1-\delta T_2)=Z_1\delta\pi_1$$

其中，$Z_1=\frac{1}{2}K_3K_4$。

应指出，K_3K_4 使用膨胀过程的全压比和效率来确定，而且其乘积与 π 和 η 的关系很小。

现在研究方程(1-35)右边的 $\delta q(\lambda)$ 值，为此利用建立流量方程时得到的式(1-20)

$$\delta q(\lambda_c)=K_6\delta\pi_c$$

其中，π_c 为所讨论截面上气流全压与静压之比，该截面上的速度系数为 λ_c。类似地，用 P_1'表示第一个喉部(导叶)的静压，可得

$$\delta q(\lambda_1)=K_6\delta\pi_1 \tag{1-36a}$$

式中　π_1——导叶中的膨胀比，$\pi_1=\frac{P_1}{P_1'}$；

K_6——取决于 λ_1 的系数，$K_6=\frac{K+1}{2K}\left(\frac{1}{\lambda^2}-1\right)$　$(\lambda\leqslant1)$。

通常情况下第二膨胀级中的全压 P_2 不同于第一膨胀级出口的静压 P_1'，即 $\pi'\neq\pi$。P_2 和 P_1'间的关系，在 $P_1=\text{const}$ 时由在第一膨胀级中得到并保持到下一膨胀级进口的速度头部分确定。这是未知的，用下面的方程表示

$$P_1'=f(P_2) \tag{1-37}$$

由此，可以建立 P_2 和 P_1'小偏差间的联系。

$$\delta P_1'=a_1\delta P_2$$

其中，a_1 为系数，取决于函数(1-37)的形式和所选定的初始工况参数。

按所得表示式的意义，系数 a_1 表示全压 P_2 每增加 1%，相应地静压 P_1 增加的百分比。如果膨胀级间损失了全部速度头，则 $P_2=P_1$，$\pi_1=\pi_1'$，$a_1=1$。当气流在下级进口速度系数保持为常数时，由于此时全压 P_2 正比于 P_1，显然 $\delta P_2=\delta P_1'$。对透平级通常有 $a_1\neq1$，因为在导叶中的压降变化时，动叶进口相对气流速度也是变化的。下面来求 a_1 的表达式，用下面的关系代替方程(1-36a)的一般式，有

$$\delta q(\lambda_1) = b_1 \delta\pi_1 \tag{1-36b}$$

其中，$b_1 = a_1 K_6$。

这样，就通过第一膨胀级中的全压比 π_1 的变化来表示 $q(\lambda_1)$ 的变化。

类似地，第二膨胀级有

$$\delta q(\lambda_2) = b_2 \delta\pi_2$$

$$b_2 = a_2 K_6$$

显然，在最后一个表达式中 K_6 是按第二个喉部的速度系数 λ_2 来确定的。现在可以通过 $\delta\pi_1$ 和 $\delta\pi_2$ 来代替连续方程(1-35)中的最后三项。

经整理得

$$(1 + b_1 - Z_1)\delta\pi_1 = \delta F_2 - \delta F_1 + b_2 \delta\pi_2 \quad ①$$

对图1-3中的截面2—3和截面3—4间根据连续方程类似地写出小偏差关系式，即

$$(1 + b_2 - Z_2)\delta\pi_2 = \delta F_3 - \delta F_2 + b_3 \delta\pi_3 \quad ②$$

$$(1 + b_3 - Z_3)\delta\pi_4 = \delta F_4 - \delta F_3 + b_4 \delta\pi_4 \quad ③$$

而且每个方程中的 b 和 Z 由相应膨胀级的 π 和 λ 确定。这样的方程可对任意数的膨胀级写出。

所得的连续方程①~③和关系式(1-34)一起形成了有四个未知数($\delta\pi_1$、$\delta\pi_2$、$\delta\pi_3$、$\delta\pi_4$)的方程组。由此可找到每级膨胀级中全压比变化与总膨胀比 $\delta\pi_t$ 及各级喉部面积 δF_1、δF_2、δF_3 和 δF_4 变化的关系。

按下列顺序解该方程组。

由式(1-34)得

$$\delta\pi_4 = \delta\pi_t - \delta\pi_1 - \delta\pi_2 - \delta\pi_3$$

代入式③右部，归并同类项得

$$\delta\pi_3 = N_3[\delta F_4 - \delta F_3 + b_4(\delta\pi_t - \delta\pi_1 - \delta\pi_2)] \tag{1-39}$$

其中，$N_3 = \dfrac{1}{1 + b_3 - Z_3 + b_4}$。

再将所得 $\delta\pi_3$ 表示式代到式②右部，转换后得

$$\delta\pi_2 = N_2[b_3 N_3 \delta F_4 + (1 - b_3 N_3)\delta F_3 - \delta F_2 + b_3 b_4 N_3(\delta\pi_t - \delta\pi_1)] \tag{1-40}$$

其中，$N_2 = \dfrac{1}{1 + b_2 - Z_2 + b_3 b_4 N_3}$。

再将式(1-40)代入式①右部，找到未知值中的第一个，即

$$\delta\pi_1 = N_1[b_2 b_3 N_2 N_3 \delta F_4 + b_2 N_2(1 - b_3 N_3)\delta F_3 + (1 - b_2 N_2)\delta F_2 - \delta F_1 + b_2 b_3 b_4 N_2 N_3 \delta\pi_t]$$

其中，$N_1 = \dfrac{1}{1 + b_1 - Z_1 + b_2 b_3 b_4 N_2 N_3}$。

借助式(1-36b)很容易求得 $\delta q(\lambda_1) = b_1 \delta\pi_1$。这样，所提出的最重要的问题就得到了回答，即如果系统中任一喉部面积或总膨胀比相对于初始工况有了变化，那么在第一膨胀级(导叶)中 π_1 和 $q(\lambda_1)$ 如何变化。

所得方程代入式(1－40)，得 $\delta\pi_2$ 的表示式为

$$\delta\pi_2 = N_2[b_3Q_1N_3\delta F_4 + (1-b_3N_3)Q_1\delta F_3 - (Q_1+b_3b_4N_1N_3)\delta F_2 + b_3b_4N_1N_3\delta F_1 + b_3b_4Q_1N_3\delta\pi_t]$$

其中，$Q_1 = 1 - b_2b_3b_4N_1N_2N_3$。

将 $\delta\pi_1$、$\delta\pi_2$ 代入式(1－39)得

$$\delta\pi_3 = N_3\{Q_1Q_2F_4 - [Q_1Q_2 + b_4N_2(Q_1+b_2N_1)]\delta F_3 - b_4[N_1Q_2 - N_2(Q_1+b_2N_1)]\delta F_2 + b_4N_1Q_2F_1 + b_4Q_1Q_2\delta\pi_t\}$$

其中，$Q_2 = 1 - b_3b_4N_2N_3$。

然后从方程(1－34)获得 $\delta\pi_4$，且还可求得 $\delta q(\lambda_2) = b_2\delta\pi_2$，$\delta q(\lambda_3) = b_3\delta\pi_3$ 等。这是所讨论问题的通解。

应该指出，对给定的初始条件，所有的系数 b、Z、N 及所得方程右部的全部系数均为常数值，因此尽管外形复杂化，求解却十分简单。

写出总压降 π_t 对每一膨胀级压降的影响系数，有

$$\frac{\delta\pi_1}{\delta\pi_t} = b_2b_3b_4N_1N_2N_3$$

$$\frac{\delta\pi_2}{\delta\pi_t} = b_3b_4Q_1N_2N_3$$

$$\frac{\delta\pi_3}{\delta\pi_t} = b_4Q_1Q_2N_3$$

$$\frac{\delta\pi_4}{\delta\pi_t} = Q_1Q_2Q_3$$

其中，$Q_3 = 1 - b_4N_3$。

从这些公式中能容易地建立任意级数的系数通式，对 n 膨胀级系的第 i 级得

$$\frac{\delta\pi_i}{\delta\pi_t} = b_{i+1}b_{i+2}\cdots b_nQ_1Q_2\cdots Q_{i-1}N_iN_{i+1}\cdots N_{n-1}$$

其中，$N_i = \dfrac{1}{1-Z_i+b_i+b_{i+1}b_{i+2}\cdots b_nN_{i+1}N_{i+2}\cdots N_{n-1}}$；$Q_i = 1 - b_{i+1}b_{i+2}\cdots b_nN_iN_{i+1}\cdots N_{n-1}$。

每级的 b_i 正比于系数 K_6，取决于喉部速度系数 λ_i。

由于当 $\lambda\to1$ 时，$K_6\to0$，故当气流在喉部近音速时，系数 b 将是个小值。这种情况下，膨胀级相对于 b 来说，π_3 是一阶小量，π_2 是二阶小量，π_1 是三阶小量。当有 n 个膨胀级时，类似地可得出 π_1 的变化相对于 b 值是$(n-1)$阶的小量。还应指出，通常所有的系数 N 和 Q 小于1，这导致进一步地降低影响系数。

由此可见，由总膨胀比变化引起的级膨胀比变化由最后级向第一级很快地减小，而且气流在喉部越接近音速这种减小就越快。这时 $q(\lambda)$ 的减小更为急剧，因为

$$\delta q(\lambda_i) = b_i\delta\pi_i$$

式中还有一个小因子 b_i。

但是在利用所得结果进行数字计算时首先必须解决一个先前没有阐明的问题：叶列(膨胀级)出口静压和下圈全压间的关系，以确定系数 a 和 b。为了解决这个问题，需讨论气流在透平叶列中的真实流动。图 1－4 为透平级动叶进口的速度三角形。

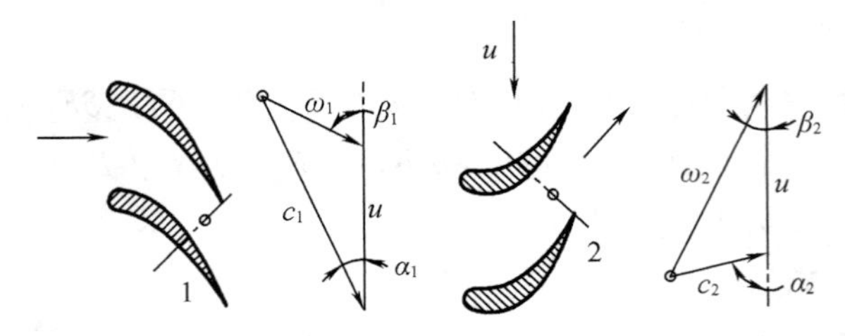

图 1－4　透平级动叶进口速度三角形

图 1－4 中，c_1 是第一膨胀级中得到的速度值，而 ω_1 是表征进入第二膨胀级时仍然保持的速度头部分，此后抛出能量，完成做功。

求 c_1 和 ω_1 小变化间的关系，有

$$\frac{\omega_1}{\sin\alpha_1}=\frac{c_1}{\sin\beta_1},\quad \frac{\omega_1}{\sin\alpha_1}=\frac{u}{\sin(\beta_1-\alpha_1)}$$

取对数和微分，当 $\alpha_1=\text{const}$ 和 $u=\text{const}$ 时，得到两个小偏差方程，即

$$\delta\omega_1=\delta c_1-\cot\beta_1\mathrm{d}\beta_1 \tag{1-41}$$

$$\delta\omega_1=-\cot(\beta_1-\alpha_1)\mathrm{d}\beta_1$$

消去 $\mathrm{d}\beta_1$ 可得 ω_1 和 c_1 间的相对变化关系，即

$$\delta c_1=\left[1-\frac{\tan(\beta_1-\alpha_1)}{\tan\beta_1}\right]\delta\omega_1 \tag{1-42}$$

其中，β_1 按初始工况速度三角形确定。

进一步地

$$\frac{\omega_1}{c_1}=\frac{M_{\omega_1}}{M_{c_1}},\quad \frac{\delta_{\omega_1}}{\delta_{c_1}}=\frac{\delta M_{\omega_1}}{\delta M_{c_1}}$$

建立 δM_ω 和 δM_c 同气流全压、静压间的联系。

注意到 P_1、P_2、P'_1 符号的含义，可写出

$$\pi'_1=\frac{P_1}{P'_1}=\left(1+\frac{K-1}{2}M_{c_1}^2\right)^{\frac{K}{K-1}}$$

$$\pi_1=\frac{P_1}{P_2}=\frac{P_1}{P'_1}\cdot\frac{P'_1}{P_2}=\frac{\pi'_1}{\left(1+\frac{K-1}{2}M_{\omega_1}^2\right)^{\frac{K}{K-1}}}$$

(当确定动叶转速中全压 P_2 时应仅考虑气流相对速度 ω_2。)

微分得

$$\delta\pi_1' = \frac{KM_{c_1}^2}{1+\frac{K-1}{2}M_{c_1}^2}\delta M_{c_1}$$

$$\delta\pi_1 = \delta\pi_1'\left(1-\frac{1}{\delta\pi_1'}\cdot\frac{KM_{\omega_1}^2}{1+\frac{K-1}{2}M_{\omega_1}^2}\delta M_{\omega_1}\right)$$

再将 $\delta\pi_1'$代入括号内第二项，得

$$\delta\pi_1 = \delta\pi_1'\left(1-\frac{M_{\omega_1}^2}{M_{c_1}^2}\cdot\frac{1+\frac{K+1}{2}M_{c_1}^2}{1+\frac{K-1}{2}M_{\omega_1}^2}\cdot\frac{\delta M_{\omega_1}}{\delta M_{c_1}}\right)$$

利用已知的气动函数 M 和 λ 间的关系，得

$$\delta\pi_1 = \delta\pi_1'\left(1-\frac{\lambda_{\omega_1}^2}{\lambda_{c_1}^2}\cdot\frac{\delta M_{\omega_1}}{\delta M_{c_1}}\right)$$

已知$\frac{\delta M_{\omega_1}}{\delta M_{c_1}}$等于$\frac{\delta\omega_1}{\delta c_1}$，考虑到式(1-42)，将方程写为

$$\delta\pi_1' = \left[1-\frac{\lambda_{\omega_1}^2}{\lambda_{c_1}^2}\cdot\frac{1}{1-\frac{\tan(\beta_1-\alpha_1)}{\tan\beta_1}}\right]^{-1}\delta\pi_1$$

这就求出了膨胀级比 π_1'和全压比 π_1 间的关系，将其与式(1-38)比较可得出

$$a_1 = \left[1-\frac{\lambda_{\omega_1}^2}{\lambda_{c_1}^2}\cdot\frac{1}{1-\frac{\tan(\beta_1-\alpha_1)}{\tan\beta_1}}\right]^{-1} \tag{1-43}$$

可以证明，如果考虑燃气在膨胀级进口至喉部间流动的全压损失系数 σ，以及取导叶出口的气流速度 c 不等于而是正比于喉部气流速度时，所得结果仍然不变。因此，这些问题的进一步精化，对讨论所提出的任务是不必要的。

将燃气透平的平均值 λ、α 和 β 代入式(1-43)，可得

$$a_1 \approx 1.6/1.9$$

这意味着，当 $P_1=\text{const}$ 时，导叶出口静压 P_1'的变化大致要比动叶道中的全压 P_2 快一倍；当 π_1 增加 1% 时，π_1'的增加几乎是 2%。

系数 a_1 很容易按初始工况级参数确定，其后按关系

$$b_1 = a_1K_6$$

求得系数 b_1，进而得到上述的解。

用类似方式讨论动叶出口速度三角形，可得出

$$a_2 = \left[1-\frac{\lambda_{c_2}^2}{\lambda_{\omega_2}^2}\cdot\frac{1}{1-\frac{\tan(\alpha_2-\beta_2)}{\tan\alpha_2}}\right]^{-1} \tag{1-44}$$

和

$$b_2 = a_2 K_6$$

而且 K_6 值按动叶速度系数 λ_{ω_2} 确定。

类似地，b_1 和 b_2 可对第二透平级的导、动叶求出系数 b_3 和 b_4。

现在具有了所必需的全部数据，将它们代入解题方程就可找到级的 π、$q(\lambda)$ 与总压降及截面面积间的关系。

将本节上述的讨论方程归纳如下。

例如，对一个三级的涡轮，可写出如下方程：

压比方程

$$\delta\pi_t = \delta\pi_1 + \delta\pi_2 + \delta\pi_3 + \delta\pi_4 + \delta\pi_5 + \delta\pi_6 \tag{1-45}$$

对相邻两圈间根据连续方程写出小偏差关系式有

1—2 截面间

$$(1 - b_1 - Z_1)\delta\pi_1 = \delta F_2 - \delta F_1 + b_2\delta\pi_2 \tag{1-46}$$

2—3 截面间

$$(1 - b_2 - Z_2)\delta\pi_2 = \delta F_3 - \delta F_2 + b_3\delta\pi_3 \tag{1-47}$$

3—4 截面间

$$(1 - b_3 - Z_3)\delta\pi_3 = \delta F_4 - \delta F_3 + b_4\delta\pi_4 \tag{1-48}$$

4—5 截面间

$$(1 - b_4 - Z_4)\delta\pi_4 = \delta F_5 - \delta F_4 + b_5\delta\pi_5 \tag{1-49}$$

5—6 截面间

$$(1 - b_5 - Z_5)\delta\pi_5 = \delta F_6 - \delta F_5 + b_6\delta\pi_6 \tag{1-50}$$

以及

$$\left.\begin{aligned}
\delta q(\lambda_1) &= b_1\delta\pi_1 \\
\delta q(\lambda_2) &= b_2\delta\pi_2 \\
\delta q(\lambda_3) &= b_3\delta\pi_3 \\
\delta q(\lambda_4) &= b_4\delta\pi_4 \\
\delta q(\lambda_5) &= b_5\delta\pi_5 \\
\delta q(\lambda_6) &= b_6\delta\pi_6
\end{aligned}\right\} \tag{1-51}$$

$$\begin{cases}
a_i = \left[1 - \dfrac{\lambda_{\omega_i}^2}{\lambda_{c_i}^2} \cdot \dfrac{1}{1 - \dfrac{\tan(\beta_i - \alpha_i)}{\tan\beta_i}}\right]^{-1} & (i = \text{奇数}) \\
a_i = \left[1 - \dfrac{\lambda_{c_i}^2}{\lambda_{\omega_i}^2} \cdot \dfrac{1}{1 - \dfrac{\tan(\alpha_i - \beta_i)}{\tan\alpha_i}}\right]^{-1} & (i = \text{偶数})
\end{cases} \tag{1-52}$$

$$b_i = a_i K_{6i} \tag{1-53}$$

$$Z_i = \frac{1}{2}K_{3i}K_{4i} \approx 0.11 \tag{1-54}$$

乘积 $K_{3i}K_{4i}$ 实际上与 π_i 和 η_i 无关,约等于0.20~0.22。

如果透平(或它的部分级)的工作条件是这样的:当膨胀功能变化时,转速 n 将显著变化。这时上述 $u=\text{const}$ 的条件就不能被接受。对于这样的问题首先要精化系数 a_1 和 a_2 的计算式,当 $\delta u \neq 0$ 时,用下面方程代替式(1-43)和式(1-44)

$$a_1 = \left[1 - \frac{\lambda_{\omega_1}^2}{\lambda_{c_1}^2} \cdot \frac{\tan\beta_1 - \tan(\beta_1 - \alpha_1)\dfrac{\delta u}{\delta_{c_1}}}{\tan\beta_i - \tan(\beta_i - \alpha_1)}\right]^{-1} \tag{1-55}$$

$$a_2 = \left[1 - \frac{\lambda_{c_2}^2}{\lambda_{\omega_2}^2} \cdot \frac{\tan\alpha_2 - \tan(\alpha_1 - \beta_1)\dfrac{\delta u}{\delta_{\omega_2}}}{\tan\alpha_2 - \tan(\alpha_2 - \beta_2)}\right]^{-1} \tag{1-56}$$

式中所引入的 $\frac{\delta u}{\delta_{c_1}}$ 或 $\frac{\delta u}{\delta_{\omega_2}}$ 事先并不知道,它取决于燃气流动速度和透平功的变化,还取决于机组特性、调节系统等。因此,先按 $\delta u=0$ 求出透平参数的变化,然后按 δL_t 值确定转速变化,再按 $\frac{\delta u}{\delta_{c_1}}$ 或 $\frac{\delta u}{\delta_{\omega_2}}$ 精化系数 a_1 和 a_2。此后,按新的 a_1、a_2 进行第二次近似,进一步精化已无必要。从速度三角形很容易看出,β_1 和 α_2 越接近90°,因圆周速度变化引起的修正就越小。

显然,用小偏差法来分析单个膨胀级以及整个透平的工作过程,可以足够简单地解决燃气轮机复杂的理论问题,具有重要的实用意义。

1.2　定型发动机参数的相互影响

定型发动机参数的互相影响问题用通常的方法求解非常麻烦,而采用小偏差法最有效,可迅速而又相当准确地得到所需结果。

1.2.1　定折合转速

首先研究在转速及外界条件(空气温度和压力)不变时各参数的互相影响问题。

由功率平衡方程有

$$G_B L_k = G_g L_g \eta_m$$

$$G_B L_k = (G_B - \Delta G) \cdot \left(1 + \frac{1}{\alpha L_1}\right) \cdot L_t \cdot \eta_m$$

式中　ΔG——从压气机末级抽出的空气量。

$$L_k = \left(1 - \frac{\Delta G}{G_B}\right) \cdot L_t \cdot \left(1 + \frac{1}{\alpha L_0}\right)\eta_m$$

$$= q \cdot L_t \cdot \left(1 + \frac{1}{\alpha L_0}\right)\eta_m$$

其中，$q=\left(1-\frac{\Delta G}{G_B}\right)$，为空气的相对抽气量。

故

$$\delta L_k=\delta L_t+\delta q \tag{1-57}$$

将式(1-2)、式(1-9)代入，有

$$\delta T_v+K_1\delta\pi_k-\delta\pi_k=\delta T_g+\delta\eta_{t_1}+K_3\delta\pi_{t_1}+\delta q$$

$$K_3\delta\pi_{t_1}=K_1\delta\pi_k-\delta\eta_k-\delta\eta_{t_1}-\delta T_g-\delta q \tag{1-58}$$

由方程(1-24)可得 $\delta\,\overline{\eta}'_k=K_{11}\delta\pi_k$。

然而，上式中 $\delta\,\overline{\eta}'_k$ 仅是由于工作点沿压气机特性线($\overline{n}=\mathrm{const}$)移动所致。此外，由于压气机流路内某种变化，压气机效率可能有独立偏差 $\delta\,\overline{\eta}_k$，此时压气机特性线上整个效率网线发生移动。假设，$\overline{n}=\mathrm{const}$ 和系数 K_{10}、K_{11} 不变，这样效率的总改变量可表示为

$$\delta\eta_k=\delta\eta'_k+\delta\,\overline{\eta}_k=K_{11}\delta\pi_k+\delta\,\overline{\eta}_k \tag{1-59}$$

将式(1-59)代入功率平衡式(1-58)，得

$$K_3\delta\eta_{t_1}=(K_1-K_{11})\delta\pi_k-\delta\,\overline{\eta}_k-\delta\eta_{t_1}-\delta\eta_{t_1}-\delta T_g-\delta q \tag{1-60}$$

式(1-60)中将 $\delta\,\overline{\eta}'_k$ 上角的一撇省略了，但应注意，公式中的 $\delta\,\overline{\eta}_k$ 是效率的独立增量。若效率只是因工作点沿特性线移动而发生变化，则在公式中设 $\delta\eta_k=0$，效率的变化由 $K_{11}\delta\pi_k$ 项考虑。

发生器部分的压力比方程为

$$\frac{P_d}{P_a}=\frac{P_v}{P_a}\cdot\frac{P_k}{P_v}\cdot\frac{P_g}{P_k}\cdot\frac{P_t}{P_g}\cdot\frac{P_d}{P_t}$$

即

$$\pi_\Sigma=\sigma_v\cdot\pi_k\cdot\delta_g\cdot\frac{\sigma_d}{\pi_{t_1}}$$

$$\delta\pi_\Sigma=\delta\pi_k-\delta\pi_{t_1}+\delta\sigma_v+\delta\sigma_g+\delta\sigma_d \tag{1-61}$$

涡轮Ⅰ级导向器与动力涡轮Ⅰ级导向器间的连续方程为

$$\frac{P_gF_{c,a}q(\lambda_{c,a})}{\sqrt{T_g}}=\frac{P_dF'_{c,a}q(\lambda_{c,a})}{\sqrt{T_d}}$$

$$\frac{P_g}{P_d}=\frac{P_g}{P_t}\cdot\frac{P_t}{P_d}=\frac{\pi_{t_1}}{\sigma_d}$$

$$T_d=T_t$$

所以

$$\pi_{t_1}=\sigma_d\cdot\frac{F'_{c,a}}{F_{c,a}}\cdot\frac{q(\lambda'_{c,a})}{q(\lambda_{c,a})}\cdot\frac{\sqrt{T_g}}{\sqrt{T_t}}$$

$$\delta\pi_{t_1}=\delta\sigma_d+\delta F'_{c,a}-\delta F_{c,a}+\delta q(\lambda'_{c,a})-\delta q(\lambda_{c,a})+\frac{1}{2}\delta T_g-\delta T_t$$

将式(1-12)代入得

$$\left(1-\frac{1}{2}K_3K_4\right)\delta\pi_{t_1}=\delta\sigma_d+\delta F'_{c,a}-\delta F_{c,a}+\delta q(\lambda'_{c,a})-\delta q(\lambda_{c,a})+\frac{1}{2}K_4\delta\eta_{t_1} \quad (1-62)$$

1. 透平压气机协同工作方程

由式(1-25)得 $\delta G_B=K_{10}\delta\pi_k+\delta P_v-\frac{1}{2}\delta T_v$,因 $\delta T_v=0,\delta P_v=\delta\sigma_v$,故有

$$\delta G_B=K_{10}\delta\pi_k+\delta\sigma_v$$

2. 涡轮和压气机间的连续方程

$$G_B\cdot q\cdot\left(1+\frac{1}{\alpha L_0}\right)=G_g \quad (1-63a)$$

将式(1-14)代入式(1-63a),并注意到

$$\delta P_g=\delta\sigma_v+\delta\pi_k+\delta\sigma_g$$

所以

$$\delta G_B+\delta q=\delta G_g \quad (1-63b)$$

则可写成

$$(1-K_{10}\delta\pi_k)=\frac{1}{2}\delta T_g+\delta q-\delta\sigma_g-\delta F_{c,a}-\delta q(\lambda_{c,a}) \quad (1-64)$$

3. 压气机压缩过程空气温升

由式(1-7)得 $\delta T_k=\delta T_v+K_1K_2\delta\pi_k-K_2\delta\eta_k$,根据式(1-59)应将其改写为

$$\delta T_k=(K_1-K_{11})K_2\delta\pi_k-K_2\delta\eta_k \quad (1-65)$$

4. 涡轮膨胀过程燃气温降

$$\delta T_t=\delta T_g-K_4\delta\eta_{t_1}-K_3K_4\delta\pi_{t_1} \quad (1-66)$$

5. 燃烧过程方程

由式(1-17)得

$$\delta G_T=\delta G_B+K_5\delta T_4-(K_5-1)\delta T_k+\delta q \quad (1-67)$$

6. 动力涡轮的压比方程

$$\frac{P_d}{P_a}=\frac{P_d}{P_и}\cdot\frac{P_k}{P_c}\cdot\frac{P_c}{P_a}$$

即

$$\pi_\Sigma=\pi_{t_2}\cdot\frac{\pi_c}{\sigma_c}$$

$$\delta\pi_c=\delta\pi_\Sigma-\delta\pi_{t_2}+\delta\sigma_c \quad (1-68)$$

动力涡轮一级导向器与排气管出口截面的连续方程可仿照式(1-62)写成

$$\left(1-\frac{1}{2}B_3B_4\right)\delta\pi_{t_2}=\delta\sigma_c+\delta F_c-\delta F'_{c,a}+K'_6\delta\pi_c-\delta q(\lambda'_{c,a})+\frac{1}{2}B_4\delta\eta_{t_2} \quad (1-69)$$

从式(1-68)和式(1-69)中消去 $\delta\pi_c$ 项,可得

$$\delta\pi_{t_2}=A_z\left[(1+K'_6)\sigma_c+\frac{1}{2}B_g\delta\eta_{t_2}+K'_6\delta\pi_\Sigma-\delta F'_{c,a}-\delta q(\lambda'_{c,a})\right] \quad (1-70)$$

式中
$$A_z = \frac{1}{1 - \frac{1}{2}B_3B_4 + K_6'} \tag{1-71}$$

7. 动力涡轮功率平衡方程

$$N_B = G_g \cdot L_g \cdot \eta_m$$
$$\delta N_B = \delta G_g + \delta L_t + \delta \eta_m$$

将式(1-63b)及式(1-9)代入,得

$$\delta N_B = \delta G_B + \delta q + \delta T_t + K_3 \delta \pi_{t_2} + \delta \eta_{t_2} + \delta \eta_m \tag{1-72}$$

8. 耗油率方程

$$\delta C_e = \delta G_T - \delta N_B \tag{1-73}$$

最终方程归纳如下:

(1)发生器压气机、涡轮功率平衡方程

$$K_3 \delta \pi_{t_1} + (K_{11} - K_1)\delta \pi_k + \delta T_g = -\delta \eta_k - \delta \eta_{t_1} = \delta q$$

(2)压比方程

$$\delta \pi_\Sigma - \delta \pi_k + \delta \pi_{t_1} = \delta \sigma_v + \delta \sigma_g + \delta \sigma_d$$

(3)高压涡轮一级导向器与动力涡轮一级导向器间的连续方程

$$\left(1 - \frac{1}{2}K_3K_4\right)\delta \pi_{t_1} - \delta q(\lambda'_{c,a}) + \delta q(\lambda_{c,a}) = \delta \sigma_d + \delta F'_{c,a} - \delta F_{c,a} + \frac{1}{2}K_4 \delta \eta_{t_1}$$

(4)压气机特性线方程

$$\delta G_B - K_{10}\delta \pi_k = \delta \sigma_v$$

(5)高压涡轮和压气机间的流量连续方程

$$(1 - K_{10})\delta \pi_k - \frac{1}{2}\delta T_g + \delta q(\lambda_{c,a}) = \delta q - \delta \sigma_g - \delta F_{c,a}$$

(6)压气机压缩过程空气温升方程

$$\delta T_k + (K_{11} - K_1)K_2 \delta \pi_k = -K_2 \delta \eta_k$$

(7)高压涡轮膨胀过程燃气温降方程

$$\delta T_t - \delta T_g + K_3K_4 \delta \pi_{t_1} = -K_4 \delta \eta_{t_1}$$

(8)燃烧过程方程

$$\delta G_T - \delta G_B - K_5 \delta T_g + (K_5 - 1)\delta T_k = \delta q$$

(9)动力涡轮压比方程

$$\delta \pi_c - \delta \pi_\Sigma + \delta \pi_{t_2} = \delta \sigma_c$$

(10)动力涡轮一级导向器与排气管出口截面间的流量连续方程

$$\delta \pi_{t_2} - A_2 K_6' \delta \pi_\Sigma + A_2 \delta q(\lambda'_{c,a}) = A_z(1 + K_6')\delta \sigma_c + \frac{1}{2}A_z B_4 \delta \eta_{t_2} - A_z \delta F'_{c,a}$$

(11)动力涡轮功率方程

$$\delta N_{\mathrm{B}} - \delta G_{\mathrm{B}} - \delta T_t - B_3 \delta \pi_{t_2} = \delta q + \delta \eta_{t_2} + \delta \eta_{\mathrm{m}}$$

(12)耗油率方程

$$\delta C_{\mathrm{e}} - \delta G_{\mathrm{T}} + \delta N_{\mathrm{B}} = 0$$

(13)高压涡轮压比方程

$$\delta \pi_{t_1} - \delta \pi_1 - \delta \pi_2 - \delta \pi_3 - \delta \pi_4 = 0$$

(14)一级导向器与一级动叶间的连续方程

$$(1 + b_1 - Z_1)\delta \pi_1 - b_2 \delta \pi_2 = \delta F_2 - \delta F_{c,a}$$

(15)一级动叶与二级导向器间的连续方程

$$(1 + b_2 - Z_2)\delta \pi_2 - b_3 \delta \pi_3 = \delta F_3 - \delta F_2$$

(16)二级导向器与二级动叶间的连续方程

$$(1 + b_3 - Z_3)\delta \pi_3 - b_4 \delta \pi_4 = \delta F_4 - \delta F_3$$

(17)～(20)用压比表示的气动函数方程

$$\delta q(\lambda_{c,a}) - b_1 \delta \pi_1 = 0$$

$$\delta q(\lambda_2) - b_2 \delta \pi_2 = 0$$

$$\delta q(\lambda_3) - b_3 \delta \pi_3 = 0$$

$$\delta q(\lambda_4) - b_4 \delta \pi_4 = 0$$

(21)高压涡轮Ⅰ级压比方程

$$\delta \pi_{1\mathrm{T}} - \delta \pi_1 - \delta \pi_2 = 0$$

(22)高压涡轮Ⅱ级压比方程

$$\delta \pi_{2\mathrm{T}} - \delta \pi_3 - \delta \pi_4 = 0$$

(23)高压Ⅰ级涡轮燃气膨胀温降方程

$$\delta T_t' - \delta T_g + K_3' K_4' \delta \pi_{1\mathrm{T}} = -K_4' \delta \eta_{1\mathrm{T}}$$

(24)低压涡轮压比平衡方程

$$\delta \pi_{t_2} - \delta \pi_1' - \delta \pi_2' - \delta \pi_3' - \delta \pi_4' = 0$$

(25)低压一级导叶与一级动叶间连续方程

$$(1 + b'_1 + Z_1')\delta \pi_1' - b_2' \delta \pi_2' = \delta F_2' - \delta_{c,a}'$$

(26)一级动叶与二级导叶间连续方程

$$(1 + b'_2 + Z_2')\delta \pi_2' - b_3' \delta \pi_3' = \delta F_3' - \delta F_2'$$

(27)二级导叶与二级动叶间连续方程

$$(1 + b'_3 + Z_3')\delta \pi_3' - b_4' \delta \pi_4' = \delta F_4' - \delta F_3'$$

(28)～(31)用压比表示的气动函数方程

$$\delta q(\lambda'_{c,a}) - b_1' \delta \pi_1 = 0$$

$$\delta q(\lambda_2') - b_2' \delta \pi_2 = 0$$

$$\delta q(\lambda_3') - b_3' \delta \pi_3 = 0$$

$$\delta q(\lambda_4') - b_4' \delta \pi_4 = 0$$

(32)动力涡轮Ⅰ级压比方程

$$\delta\pi'_{1T} - \delta\pi'_1 + \delta\pi'_2 = 0$$

(33)动力涡轮Ⅱ级压比方程

$$\delta\pi'_{2T} - \delta\pi'_3 + \delta\pi'_4 = 0$$

(34)低压Ⅰ级涡轮燃气膨胀温降方程

$$\delta T'_h - \delta T_t + B'_3 B'_4 \delta\pi'_{1T} = -B'_4 \delta\eta'_{1T}$$

(35)低压涡轮燃气膨胀温降方程

$$\delta T_h - \delta T_t + B_3 B_4 \delta\pi_{2T} = -B_4 \delta\eta'_{2T}$$

共35个线性方程,有35个未知数,19个独立变量。独立变量均已单独列于等式右边。

1.2.2 变折合转速

在讨论折合转速改变下定型发动机参数的相互影响问题时,做如下假设:

①发动机的几何形状不变,即导向器面积不变;

②总压恢复系数 σ_v、σ_g、σ_d、σ_c 不变;

③设效率 η_k(指效率纲线)和 η_t 不变,$q(\lambda_{c,a})$不变。

1. 功率平衡方程

根据式(1-58),$K_3\delta\pi_{t_1} = K_1\delta\pi_k - \delta\eta_k - \delta T_g + \delta T_v$,将式(1-30)代入,得

$$K_3\delta\pi_{t_1} = (K_1 - K'_{11})\delta\pi_k - \delta T_g + \delta T_v \tag{1-74}$$

2. 燃气发生器压比方程

根据式(1-61),有

$$\delta\pi_\Sigma = \delta\pi_k - \delta\pi_{t_1} \tag{1-75}$$

3. 涡轮一级导向器与动力涡轮一级导向器间的连续方程

根据式(1-62),有

$$\left(1 - \frac{1}{2}K_3 K_4\right)\delta\pi_{t_1} = b'_1\delta\pi'_1(*) \tag{1-76}$$

其中,(*)从涡轮逐圈小偏差方程中已导出;$\delta q(\lambda_{c,a}) = b_1\delta\pi_1$。

4. 压气机和涡轮间的气体连续方程

$\delta G_B = \delta G_g$,根据式(1-14)及 $\delta P_g = \delta\sigma_v + \delta\pi_k + \delta_g$ 之关系,得

$$\delta G_B = \delta\sigma_v + \delta\pi_k + \delta\sigma_g + \delta F_{c,a} - \frac{1}{2}\delta T_g + \delta q(\lambda_{c,a})$$

所以

$$\delta G_B = \delta\pi_k - \frac{1}{2}\delta T_g \tag{1-77}$$

5. 压气机压缩过程空气温升

根据式(1-65),有

$$\delta T_k = (K_1 - K'_{11})K_2\delta\pi_k + \delta T_v \tag{1-78}$$

沿工作状态线折合转速与增压比改变量之间的关系。

根据式(1－32b)，有

$$\delta\pi_k = K_{12}\delta n_k - \frac{1}{2}K_{12}T_v \tag{1-79}$$

6. 涡轮膨胀过程燃气温降

根据式(1－66)，有

$$\delta T_t = \delta T_g - K_3K_4\delta\pi_{t_1} \tag{1-80}$$

7. 燃烧过程方程

根据式(1－67)，有

$$\delta G_{\mathrm{T}} = \delta G_{\mathrm{B}} + K_5\delta T_4 - (K_5 - 1)\delta T_k + \delta q \tag{1-81}$$

8. 动力涡轮压比方程

根据式(1－68)，有

$$\delta\pi_c = \delta\pi_{\Sigma} - \delta\pi_{t_2} \tag{1-82}$$

9. 动力涡轮一级导向器与排气管出口截面间的连续方程

根据式(1－70)，有

$$\delta\pi_{t_2} = A_zK_6'\delta\pi_{\Sigma} - A_zb_1'\delta\pi_1' \tag{1-83}$$

$$A_z = \frac{1}{1 - \frac{1}{2}B_3B_4 + K_6'}$$

10. 动力涡轮功率平衡方程

根据式(1－72)，有

$$\delta N_{\mathrm{B}} = \delta G_{\mathrm{B}} + \delta T_1 + K_3\delta\pi_{t_2} \tag{1-84}$$

11. 耗油率方程

$$\delta C_{\mathrm{e}} = \delta G_{\mathrm{T}} - \delta N_{\mathrm{B}} \tag{1-85}$$

12. 动力涡轮一级导向器膨胀比与动力涡轮膨胀比间的关系式

根据“涡轮逐圈小偏差计算”得出以下关系式:

对于双级涡轮，有

$$\frac{\delta\pi_1'}{\delta\pi_{t_2}} = b_2'b_3'b_4'N_1'N_2'N_3' \tag{1-86a}$$

对于单级涡轮，有

$$\frac{\delta\pi_1'}{\delta\pi_{t_2}} = b_2'N_1' \tag{1-86b}$$

13. 动力涡轮蒸汽膨胀方程

$$\delta T_h = \delta T_t - K_3K_4\delta\pi_{t_2} \tag{1-87}$$

式(1－86b)是在 $u = \mathrm{const}$ 的假定下导出的。但若在变折合转速下，速度三角形保持相似则仍成立。当动力涡轮沿共同工作线(定螺距螺旋桨)工作时，通常(例如从1.0工况到0.5工况)其速度三角形的相似性没有遭到很大破坏，因此仍可应用式(1－87)(但当动力涡轮转速偏离共同工作线较大时，则应计入其影响)。

以上共13个线性方程，有13个未知数，2个独立变量：T_v、η_k。

最终方程归纳如下(独立变量均置于等号右面)：

(1) $K_3\delta\pi_{t_1} - (K_1 - K'_{11})\delta\pi_k + \delta T_g = \delta T_v$；

(2) $\delta\pi_\Sigma - \delta\pi_k + \delta\pi_{t_1} = 0$；

(3) $\left(1 - \dfrac{1}{2}K_3K_4\right)\delta\pi_{t_1} - b_1\delta\pi_1 = 0$；

(4) $\delta G_{\mathrm{B}} - \delta\pi_k + \dfrac{1}{2}\delta T_g = 0$；

(5) $\delta T_k - (K_1 - K'_{11})K_2\delta\pi_k = \delta T_v$；

(6) $\delta\pi_k = K_{12}\delta n_k - \dfrac{1}{2}K_{12}T_v$；

(7) $\delta T_t - \delta T_g + K_3K_4\delta\pi_{t_1} = 0$；

(8) $\delta G_{\mathrm{T}} - \delta G_{\mathrm{B}} - K_5\delta T_g + (K_5 - 1)\delta T_k - \delta q = 0$；

(9) $\delta\pi_c - \delta\pi_\Sigma + \delta\pi_{t_2} = 0$；

(10) $\delta\pi_{t_2} - A_zK'_6\delta\pi_\Sigma + A_zb'_1\delta\pi'_1 = 0$；

(11) 双级动力涡轮 $\delta\pi'_1 - b'_2b'_3b'_4N'_1N'_2N'_3 \cdot \delta\pi_{t_2} = 0$；

单级动力涡轮 $\delta\pi'_1 - b'_2N'_1 \cdot \pi_{t_2} = 0$；

(12) $\delta N_{\mathrm{B}} - \delta G_{\mathrm{B}} - \delta T_t - K_3\delta\pi_{t_2} = 0$；

(13) $\delta C_{\mathrm{e}} - \delta G_{\mathrm{T}} + \delta N_{\mathrm{B}} = 0$。

1.2.3 多因素同时变化

上面已经讨论了定型发动机的两类问题：

第一类是求在折合转速不变时发动机参数的相互影响，即工作点(π_k，$\overline{G}_{\mathrm{B}}$)只能沿 $\overline{n}$ 常数线移动。

第二类是工作点只能沿工作状态线移动，此时是在效率、总压恢复系数、流路面积(即正好是第一类问题中取为自变量的哪些参数)不变的条件下解出的。

现在讨论构件参数、折合转速同时变化的情况，即工作点可能沿压气机特性线上任意一条线移动。对于这一类问题可利用上面讨论的结果进行分析(注意：用普通方法对这类问题是难以分析的)，即分成两步：先假定折合转速不变，只有工作过程的内部参数(效率、损失系数、截面积等)改变，即按第一类问题求出影响系数表，然后设构件效率和截面积不变，求出折合转速变化时的影响系数表。当求发动机某一参数的总改变量时，将此两类情况所引起的偏差量相加即可。

1.3　选择设计发动机的最佳参数

1. 燃气发生器的功率平衡方程

由于仅研究发动机基本参数的选择,故空气流量与增压比 π_k 之间没有压气机特性所决定的关系,这点需在公式导出中注意。

$$K_3\delta\pi_{t_1} = K_1\delta\pi_k - \delta\eta_k - \delta\eta_{t_1} - \delta T_g - \delta q \tag{1-88}$$

2. 压比方程

参照式(1-61),有

$$\delta\pi_\Sigma = \delta\pi_k - \delta\pi_{t_1} + \delta\sigma_v + \delta\sigma_g + \delta\sigma_d \tag{1-89}$$

参照式(1-68),有

$$\delta\pi_c = \delta\pi_\Sigma - \delta\pi_{t_2} + \delta\sigma_c \tag{1-90}$$

通常,在设计发动机时对排气管出口截面的参数根据排气阻力而有一定的要求,因而在式(1-90)中随变量是 $\delta\pi_{t_2}$。

3. 燃烧过程方程

参照式(1-17),有

$$\delta G_\mathrm{T} = \delta G_\mathrm{B} + K_5\delta T_4 - (K_5 - 1)\delta T_k - \delta\eta_g + \delta q \tag{1-91}$$

4. 压气机压缩过程空气温升方程

参照式(1-7),有

$$\delta T_k = K_1K_2\delta\pi_k - K_2\delta\eta_k \tag{1-92}$$

5. 涡轮内气体膨胀过程方程

参照式(1-12),有

$$\delta T_t = \delta T_g - K_4\delta\eta_{t_1} - K_3K_4\delta\pi_{t_1} \tag{1-93}$$

6. 动力涡轮功率方程

参照式(1-72),有

$$\delta N_\mathrm{B} = \delta G_\mathrm{B} + \delta T_t + K_3\delta\pi_{t_2} + \delta\eta_{t_2} + \delta\eta_\mathrm{m} + \delta q \tag{1-94}$$

7. 耗油率方程

参照式(1-73),有

$$\delta C_\mathrm{e} = \delta G_\mathrm{T} - \delta N_\mathrm{B} \tag{1-95}$$

以上共 8 个方程,共 8 个随变量:π_Σ、π_{t_1}、π_{t_2}、T_k、T_t、G_T、N_B、C_e;14 个独立变量:π_k、π_c、η_k、η_{t_1}、η_{t_2}、η_g、η_m、σ_v、σ_g、σ_d、σ_c、G_B、q、T_g。

最终方程归纳如下(独立变量均置于等号右面):

(1) $K_3\delta\pi_{t_1} = K_1\delta\pi_k - \delta T_g - \delta\eta_k - \delta\eta_{t_1} - \delta q$

(2) $\delta\pi_{\Sigma}+\delta\pi_{t_1}=\delta\pi_k+\delta\sigma_v+\delta\sigma_g+\delta\sigma_d$

(3) $\delta\pi_{\Sigma}-\delta\pi_{t_2}=\delta\pi_c-\delta\sigma_c$

(4) $\delta G_{\mathrm{T}}+(K_5-1)\delta T_k=\delta G_{\mathrm{B}}+K_5\delta T_g-\delta\eta_g+\delta q$

(5) $\delta T_k=K_1K_2\delta\pi_k-K_2\delta\eta_k$

(6) $\delta T_t+K_3K_4\delta\pi_{t_1}=\delta T_g-K_4\delta\eta_{t_1}$

(7) $\delta N_{\mathrm{B}}-\delta T_t-K_3\delta\pi_{t_2}=\delta G_{\mathrm{B}}+\delta\eta_{t_2}+\delta\eta_{\mathrm{m}}+\delta q$

(8) $\delta C_{\mathrm{e}}-\delta G_{\mathrm{T}}+\delta N_{\mathrm{B}}=0$

1.4 双轴燃气轮机实用性能分析表

在燃气轮机的研制过程中，为保证发动机达到预定的功率、油耗等指标，以及在整个运行范围内无喘振工作，总是需要不断地试验、调整。事实上，即使已定型的发动机，由于各环节的种种因素，也可能导致发动机的主要数据与技术要求有某种程度的不符而需调整。因此，对一台已制造好的发动机，讨论发动机参数间的相互影响问题是很有意义的。可分析发动机参数发生偏离的原因，并判断如何向所希望的方向来修正发动机参数，调整匹配关系。用通常的方法来解决这一类问题往往是复杂的。相关文献中提出的工程小偏差计算法把发动机工作过程方程化为小偏差形式，把联系工作过程参数的复杂方程组的求解化为联系参数与其原始偏差量的线性方程组的求解，从而使计算大为简化。用所得的影响系数表来分析问题简单明了，因此该表在航空工业中得到了广泛应用。

本节讨论带动力涡轮的双轴燃气轮机中如何适当地运用小偏差计算法来进行发动机参数相互影响问题的计算分析。

1.4.1 矩阵表编制

小偏差法是使表示某种现象的关系式线性化的一种方法。当把发动机的工作过程方程化为小偏差形式时，无论方程式还是未知数的数目都没有改变，故此小偏差方程组的可解性与原方程组相同。

图1-1为带动力涡轮的双轴燃气轮机的略图。为了尽可能地包括一般情况，高压涡轮与动力涡轮间尚有中间扩压器，由航空发动机改装的工业及船用燃气轮机，以及一些重型燃气轮机都具有这样的结构布置。容易看出，所讨论的带动力涡轮的双轴燃气轮机有些类似于航空双轴涡轮螺桨发动机。之前的研究对后者是用如下方法来处理的：由于现代涡轮螺桨发动机燃气初温高，动力涡轮部分的膨胀比往往很高，这表明动力涡轮第一级导向器的膨胀比和 q_1' 随涡轮总膨胀比的变化很小。因而在发动机通流部分，从压气机进口到动力涡轮第一级导向器的部分可以看作一个带临界流动工况喷口的涡轮喷气发动机。此时，把动力涡轮一级导向器的喉部面积看作喷管出口面积，并认为此截面的 $q(\lambda)$ 为常数，取动力涡轮进口压力与大气压力之比 π_{Σ} 作为喷管出口截面内外压力比 π_c，然后再对动力涡轮建立方程进行求解。由于做了“动力涡轮Ⅰ级导向器视作一临界喷管”的假定（以下简称这种

方法为"临界喷口法"),问题大大简化了。

然而,有必要对上述的计算方法进一步精化。通常船用及工业用燃气轮机动力涡轮一级导向器喉部截面处的流动状态并非非常接近临界。例如,功率从 6 000到 22 000马力[①]的四型船用燃气轮机,其动力涡轮一级导向器平均截面上的 $q(\lambda)$ 设计值为 0.75 ~0.85,在任何情况下都把动力涡轮看作一个临界喷管影响了计算结果的精度,有时会带来不小的误差,尤其是在讨论导向器面积变化对发动机参数的影响时,因为随着导向器面积的变化,$q(\lambda)$ 也有较显著的变化,它部分抵消了导向器面积变化的影响。

通过把工作过程小偏差方程与涡轮逐列小偏差方程相结合的方法,摆脱了"临界喷口"的假定,可更接近于船舶及工业燃气轮机的实际情况,然而相应的所需的方程数成倍地增加了。归结为两张矩阵表(表 1 - 1、表 1 - 2),矩阵表中各系数的计算式见附录 1。矩阵表是对于各不同级数的高压涡轮和动力涡轮写出的,矩阵 $\boldsymbol{A}$ 中的 21 阶方阵和矩阵 $\boldsymbol{B}$ 中的 21 ×13阶矩阵用于高压涡轮、动力涡轮均为单级的情况;矩阵 $\boldsymbol{A}$ 中的 27 阶方阵和矩阵 $\boldsymbol{B}$ 中的 27 ×15 阶矩阵用于高压涡轮为两级、动力涡轮为单机的燃气轮机;矩阵 $\boldsymbol{A}$ 中的 33 阶方阵和矩阵 $\boldsymbol{B}$ 中的 33 ×17 阶矩阵则用于高压涡轮、动力涡轮均为两级的燃气轮机。实际上,可以写出任意涡轮级数的矩阵表。

矩阵 $\boldsymbol{A}$ 是发动机小偏差随变量特征参数的系数方阵。随变量 $X_i(i=1,2,\cdots,n)$ 包括:$\delta\pi_{t_1}$、$\delta\pi_k$、$\delta\pi_\Sigma$、δG_B、δ_{t_2}、δ_{t_3}、δ_{t_4}、δG_T、$\delta\pi_{t_2}$、$\delta\pi_c$、δC_e、δN_B、δq_1、δq_2、$\delta\pi_1$、$\delta\pi_2$、$\delta\pi'_1$、$\delta\pi'_2$、$\delta q'_1$、$\delta q'_2$、δT_6、$\delta\pi_3$、$\delta\pi_g$、δq_3、δq_4、$\delta\pi_{1\mathrm{T}}$、$\delta\pi_{2\mathrm{T}}$、$\delta\pi'_3$、$\delta\pi'_4$、$\delta q'_3$、$\delta q'_4$、$\delta\pi'_{1\mathrm{T}}$、$\delta\pi'_{2\mathrm{T}}$(其中,q_1、q_2、q_3、q_4 为高压涡轮第 1,2,3,4 圈喉部无因次密流;q'_1、q'_2、q'_3、q'_4为动力涡轮第 1,2,3,4 圈喉部无因次密流)。

矩阵 $\boldsymbol{B}$ 是发动机小偏差独立变量特征参数的系数直角矩阵。独立变量 $y_k(k=1,2,\cdots,m)$ 包括:$\delta\sigma_v$、$\delta\sigma_g$、$\delta\sigma_D$、$\delta\sigma_c$、$\delta\eta_k$、$\delta\eta_{t_1}$、$\delta\eta_{t_2}$、$\delta\eta_\mathrm{m}$、δQ、δF_1、$\delta F'_1$、δF_2、$\delta F'_2$、δF_3、δF_4、$\delta F'_3$、$\delta F'_4$(其中,F_1、F_2、F_3、F_4 为高压涡轮第 1,2,3,4 圈喉部面积;F'_1、F'_2、F'_3、F'_4为动力涡轮第 1,2,3,4 圈喉部面积)。

① 1 马力 =735.498 75 W。

表 1－1 矩阵 A

	1	2	3	4	5	6	7	8	9	10	11	12	13	14	15
1	K_3	$K_{11}-K_1$				1									
2	1	-1	1												
3	$1-0.5K_3K_2$												1		
4		$-K_{10}$		1											
5		$1-K_{10}$						0.5							
6		$K_2(K_{11}-K_1)$			1										
7	K_3K_4					-1	1								
8				-1	K_5-1	$-K_5$		1							
9			-1						1	1					
10			$-A_zK'_6$						1						
11				-1			-1		$-K_3$			1			
12								-1			1	1			
13	1														-1
14															$1+b_1-Z_1$
15													1		$-b_1$
16														1	
17									1						
18															
19															
20															
21							-1		K_3K_4						
22															
23															
24															
25															
26															-1
27															
28															
29															
30															
31															
32															
33															
	π_{t_1}	π_k	π_Σ	G_B	T_d	T_3	T_4	G_T	π_{t_g}	π_c	C_e	N_B	q_1	q_2	π_1

表 1-1(续)

	16	17	18	19	20	21	22	23	24	25	26	27	28	29	30	31	32	33
1																		
2																		
3				-1														
4																		
5																		
6																		
7																		
8																		
9																		
10				A_z														
11																		
12																		
13	-1						-1	-1										
14	$-b_2$																	
15																		
16	$-b_2$																	
17		-1	-1										-1	-1				
18		$1+b_1'-Z_1'$	$-b_2'$															
19		$-b_1'$		1														
20			$-b_2'$		1													
21						1												
22	$1+b_2-Z_2$						$-b_3$											
23							$1+b_3-Z_3$	$-b_4$										
24						$-b_3$		1										
25							$-b_4$		1									
26	-1										1							
27						-1	-1				1							
28			$1+b_2'-Z_2'$										$-b_3'$					
29													$1+b_3'-Z_3'$	$-b_4'$				
30													$-b_3'$		1			
31														$-b_4'$		1		
32		-1	-1													1		
33													-1	-1				1
	π_2	π_1'	π_2'	q_1'	q_2'	T_v	π_3	π_4	q_3	q_4	π_{1T}	π_{2T}	π_v'	π_4'	q_3'	q_4'	π'_{1T}	π'_{2T}

注:空格即为“0”。

表 1－2　矩阵 *B*

	1	2	3	4	5	6	7	8	9	10	11	12	13	14	15	16	17
1					-1	-1			-1								
2	1	1	1														
3			1			$0.5K_4$				-1	1						
4	1																
5		-1							1	-1							
6					$-K_2$												
7						$-K_4$											
8																	
9				1													
10				$A_z(1+K_6')$			$0.5A_zK_4$				$-A_z$						
11							1	1	1								
12																	
13																	
14										-1		1					
15																	
16																	
17																	
18											-1		1				
19																	
20																	
21							$-K_4$										
22												-1		1			
23														-1	1		
24																	
25																	
26																	
27																	
28													-1			1	
29																-1	1
30																	
31																	
32																	
33																	
	δ_v	δ_g	δ_d	δ_c	η_k	η_{t_1}	η_{t_2}	η_m	q	F_1	F_1'	F_2	F_2'	F_3	F_4	F_3'	F_4'

注:空格即为“0”。

相应于矩阵表的线性代数方程组为(按顺序):

(1)发生器压气机、涡轮功率平衡方程;

(2)压比方程;

(3)高压涡轮一级导向器与动力涡轮一级导向器间的连续方程;

(4)压气机特性线方程;

(5)高压涡轮和压气机间的流量连续方程;

(6)压气机压缩过程空气温升方程;

(7)高压涡轮膨胀过程燃气温降方程;

(8)燃烧过程方程;

(9)动力涡轮压比方程;

(10)动力涡轮一级导向器与排气管出口截面间的流量连续方程;

(11)动力涡轮功率方程;

(12)耗油率方程;

(13)高压涡轮压比方程;

(14)一级导向器与一级动叶间的连续方程;

(15)~(16)用压比表示的气动函数方程;

(17)动力涡轮压比平衡方程;

(18)动力涡轮一级导叶与一级动叶间连续方程;

(19)~(20)用压比表示的气动函数方程;

(21)动力涡轮燃气膨胀温降方程;

(22)高压涡轮一级动叶与二级导向器间的连续方程;

(23)高压涡轮二级导向器与二级动叶间的连续方程;

(24)~(25)用压比表示的气动函数方程;

(26)高压涡轮Ⅰ级压比方程;

(27)高压涡轮Ⅱ级压比方程;

(28)动力涡轮一级动叶与二级导叶间连续方程;

(29)动力涡轮二级导叶与二级动叶间连续方程;

(30)~(31)用压比表示的气动函数方程;

(32)动力涡轮Ⅰ级压比方程;

(33)动力涡轮Ⅱ级压比方程。

方程系的矩阵形式为

$$\boldsymbol{A}X=\boldsymbol{B}Y$$

其中,$X=\{x_1,x_2,\cdots,x_n\}$,$Y=\{y_1,y_2,\cdots,y_n\}$,$\boldsymbol{A}=(a_{i,j})(i,j=1,2,\cdots,n)$,$\boldsymbol{B}=(b_{i,k})(i=1,2,\cdots,n;k=1,2,\cdots,m)$。

可用标准程序求解,所得的结果即为影响系数,它表示在某一独立变量发生变化时(而其余的独立变量是不变的)所引起的随变量的变化倍数。

1.4.2 应用

下面简列一些工程上经常遇到的主要应用情况（注意：讨论是在等折合转速，通常是设计点的折合转速下进行的）。

(1)燃气轮机装置进气道总压损失偏离额定值对发动机性能的影响；

(2)燃气轮机装置排气道总压损失偏离额定值对发动机性能的影响；

(3)中间扩压器总压损失偏离额定值对发动机性能的影响；

(4)燃烧室的总压损失偏离额定值对发动机性能的影响；

(5)涡轮中任何一级导向器喉部面积变化对发动机性能的影响；

(6)涡轮任一叶列中喉部面积变化引起的 $q(\lambda)$ 及膨胀比的变化；

(7)涡轮效率偏离额定值对发动机性能的影响；

(8)压气机效率变化（指效率的独立增量，若效率低是因工作点沿特性线移动而发生变化，则 $\delta\eta_k=0$，此时效率的变化已在公式内考虑了）对发动机性能的影响；

(9)压气机末级的抽气量对发动机性能的影响；

(10)作为独立变量的发动机转速变化对发动性能的影响。

还可以在这基础上，根据实际要解决的问题进行延伸、扩展。当讨论多因素的影响时，可将各因素的影响系数叠加。

既然小偏差法是一种线性化处理的方法，因此其应用范围是受到限制的，根据相关文献的分析，独立变量的偏差量范围应不大于10% ~15%，然而这个范围对大多数的工程实际问题已经足够了。

第 2 章　三轴燃气轮机的小偏差工程计算分析法

本章主要符号

P_a、T_a	大气压力、温度
P_v、T_v	低压压气机进口滞止气流的总压和总温
P_{k_1}、T_{k_1}	低压压气机出口滞止气流的总压和总温
P_k、T_k	高压压气机出口滞止气流的总压和总温
P_g、T_g	高压涡轮前滞止气流的总压和总温
P_{g_1}、T_{g_1}	高压涡轮后滞止气流的总压和总温
P_t、T_t	低压涡轮后滞止气流的总压和总温
P_d、T_d	动力涡轮前滞止气流的总压和总温
P_h、T_h	动力涡轮后滞止气流的总压和总温
P_c、T_c	排气管出口处滞止气流的总压和总温
$\pi_{k_1}=\dfrac{P_k}{P_v}$	低压压气机增压比
$\pi_{k_2}=\dfrac{P_k}{\sigma_1\cdot P_{k_1}}$	高压压气机增压比
$\pi_{t_1}=\dfrac{P_g}{P_{t_1}}$	高压涡轮膨胀比
$\pi_{t_2}=\dfrac{P_{t_1}}{P_t}$	低压涡轮膨胀比
$\pi_{t_3}=\dfrac{P_d}{P_h}$	动力涡轮膨胀比
$\pi_c=\dfrac{P_c}{P_a}$	排气管内外压力比(全压/静压)(或喷管内外压力比)
$\pi_\Sigma=\dfrac{P_d}{P_a}$	把动力涡轮一级导向器视作“喷口”时的“喷口”内外压力比
$\sigma_v=\dfrac{P_v}{P_a}$	进气道总压恢复系数
$\sigma_g=\dfrac{P_g}{P_k}$	燃烧室总压恢复系数
$\sigma_1=\dfrac{P_k}{P_{k_1}}$	高、低压压气机间过渡段的总压恢复系数
$\sigma_d=\dfrac{P_d}{P_t}$	中间扩压器总压恢复系数

$\sigma_c = \dfrac{P_c}{P_h}$	排气管总压恢复系数(或喷口之总压恢复系数)
G_{B_1}	通过低压压气机的每秒空气流量
G_{B_2}	通过高压压气机的每秒空气流量
G_T	燃烧室每小时的燃油消耗量
$q = 1 - \dfrac{\Delta G_1}{G_{B_1}} - \dfrac{\Delta G_2}{G_{B_2}}$	压气机(包括低、高压压气机)出口的相对空气总抽气量
$q_1 = 1 - \dfrac{\Delta G_1}{G_{B_1}} - \dfrac{\Delta G_{B_2}}{G_{B_1}}$	低压压气机出口空气的相对抽气量
η_{k_1}	低压压气机效率
η_{k_2}	高压压气机效率
η_{t_1}、η_{t_2}、η_{t_3}	高压、低压涡轮和动力涡轮的效率
η_m	动力涡轮(或可包括减速器)机械效率
N_B	发动机功率
R	燃气发生器推力
C_e	发动机的耗油率
$q(\lambda_{c,a})$、$q(\lambda_2)$、$q(\lambda_3)$、$q(\lambda_4)$	高压涡轮一、二、三、四叶列速度系数的气动函数
$q(\lambda'_{c,a})$、$q(\lambda'_2)$、$q(\lambda'_3)$、$q(\lambda'_4)$	低压涡轮一、二、三、四叶列速度系数的气动函数
$q(\lambda''_{c,a})$、$q(\lambda''_2)$、$q(\lambda''_3)$、$q(\lambda''_4)$	动力涡轮一、二、三、四叶列速度系数的气动函数
π_1、π_2、π_3、π_4	高压涡轮逐圈膨胀比
π'_1、π'_2、π'_3、π'_4	低压涡轮逐圈膨胀比
π''_1、π''_2、π''_3、π''_4	动力涡轮逐圈膨胀比
π_{1T}、π_{2T}	高压涡轮第一级、第二级膨胀比
π'_{1T}、π'_{2T}	低压涡轮第一级、第二级膨胀比
π''_{1T}、π''_{2T}	动力涡轮第一级、第二级膨胀比
$F_{c,a}$、F_2、F_3、F_4	高压涡轮逐圈的喉部面积
$F'_{c,a}$、F'_2、F'_3、F'_4	低压涡轮逐圈的喉部面积
$F''_{c,a}$、F''_2、F''_3、F''_4	动力涡轮逐圈的喉部面积

2.1 各部件工作过程中的小偏差方程

1. 压气机中空气压缩过程方程式
2. 涡轮内气体膨胀过程方程式
3. 燃烧室内气体加热过程方程式
4. “喷口”排气过程方程式

（以上四个方程与双轴燃气轮机相同。）

5. 由压气机涡轮特性线所决定的参数间的关系

当分析设计双转子燃气发生器（图 2－1）各种工作过程参数对总体性能的影响时，双轴的结构特点并不具有特别的意义，每轴的压气机和涡轮设计应在计算工况下保证所取的压比、膨胀比、效率和功。对于已做好的压气机来说，这些参数值则根据在每个压气机上确定的折合转速 $\bar{n}_1$ 和 $\bar{n}_2$ 的特性而定。

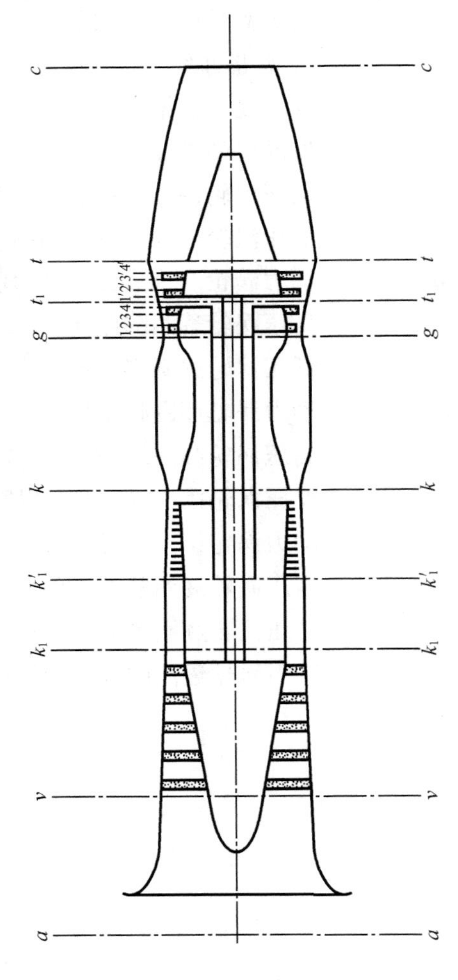

图 2－1　双转子燃气发生器示意图

当讨论参数间的相互影响时，最主要的特点是每个转子的转速分别变化。实际上，对于单转子燃气发生器来说，为达到设计工况必须改变其供油量，以使发动机达到设计转速，那么对双转子燃气发生器来说，此时要求完全保证两个转子的转速分别达到规定值（转差）。

应该指出，尽管双轴发动机的两个转子间没有机械约束，它们的工作工况，特别是转速 n_1 和 n_2 是有关联的。分析双转子中空气和燃气流量的关系，以及每个转子上的功率平衡条件的结果表明，在给定的外部条件下，带固定的通流截面和不变的压气机特性的已完成的双轴涡轮喷气发动机是具有一个自由度的系统，其工况完全可由过程的一个参数值来确定，如高压转子转速，该值确定了低压转子的转速和各压气机的压比、燃气温度等。

首先，转向编制双转子燃气发生器工作过程的基本方程，讨论折合转速变化时，研究空气参数在给定特性压气机上的可能变化。在双轴燃气轮机的讨论中，我们已对压气机特性线上的工作线为一条线的情况建立了这样的关系，即对单转子燃气发生器，这条线可简单地由功率平衡条件和连续方程确定，按压气机特性确定 $\overline{G}_B$、π_k 和 η_k 沿此线的变化。对双转子发生器来说，建立这条工作线则困难多了，因为涡轮一级导叶的燃气流量和参数不仅取决于所讨论的压气机机组，而且也取决第二个压气机机组以及它们相对转差的变化。在一般情况下，工作点沿特性线任意位移时，必须讨论压气机参数的变化。工作点的任意移动可表示为两个依次过程的结果（图2－2）。

（1）$\overline{G}_B$、π_k 和 η_k 同时随沿单轴系统压气机工作线（图2－2中0—1）附近移动时折合转速的变化而变化。

（2）$\overline{G}_B$、π_k 和 η_k 沿 $\overline{n}=\text{const}$ 线变化，相应于最终的折合转速（图2－2中1—2）。

为什么选择这样的过渡方式呢？原因在于用小偏差法时要求从起点0到终点2所分的两个过渡段要尽可能小，因此把工作点可能的位移方向考虑作为第一过渡段是合理的。实际上，同样的工作点移动也可表示在 $\pi_k=\text{const}$ 下从初始折合转速到最终折合转速（图2－2中虚线0—1′），然后沿 $\overline{n}=\text{const}$ 线移动（图2－2中1′—2）。

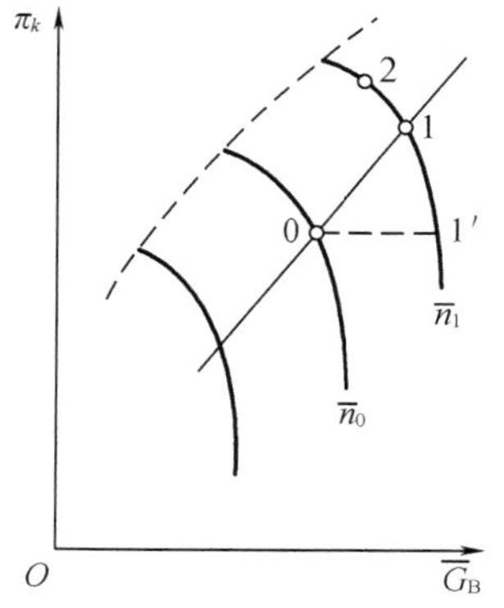

显然，此时第二个过渡比起前一种方式来大得多，而且包括 $\overline{G}_B=f(\pi_k)$ 这样的不能认为是线性的曲线段，因此采用这样的小偏差法就会导致重大误差。

图2－2　在双转子发生器压气机工况任意变动时从起点0到终点2沿压气机特性线的变动图

压气机工况参数的变化将由部分增量的总和确定：

$$\delta\,\overline{G}_B=\delta\,\overline{G}'_B+\delta\,\overline{G}''_B$$

$$\delta\,\overline{\pi}_k=\delta\,\overline{\pi}'_k+\delta\,\overline{\pi}''_k$$

$$\delta\,\overline{\eta}_k=\delta\,\overline{\eta}'_k+\delta\,\overline{\eta}''_k$$

$$\delta\,\overline{n}=\delta\,\overline{n}';\delta\,\overline{n}''=0$$

其中,“′”表示第一种过渡时的参数变化,“″”表示第二种过渡时的参数变化。

为求得$\delta\,\overline{G}'_B$、$\delta\,\overline{\pi}'_k$、$\delta\,\overline{\eta}'_k$值,利用式(1-28)、式(1-32)、式(1-30)可写为

$$\delta\,\overline{G}'_B=\left(1+\frac{1}{2}K'_{11}-\frac{1}{2}K_1\right)\delta\pi'_k$$

$$\delta\,\overline{\pi}'_k=K_{12}\delta\,\overline{n}'$$

$$\delta\,\overline{\eta}'_k=K'_{11}\delta\,\overline{\pi}'_k$$

在压气机特性线上沿$\overline{G}'_B=f(\pi'_k)$线,在离初始工作点不远的地方确定系数值$K_{12}$和$K'_{11}$。然后,按通常的关系找到沿某折合转速移动时参数变化间的关系,即

$$\delta\,\overline{G}''_B=K_{10}\delta\pi''_k$$

$$\delta\,\overline{\eta}''_B=K_{11}\delta\pi''_k$$

我们假定在新的$\overline{n}=\text{const}$线上系数$K_{10}$和$K_{11}$与初始工作点相同,当参数变化不大时这个假定是正确的,而前面的讨论中已经利用参数变化不大这一点了。

由于$\delta\pi''_k=\delta\pi_k-\delta\pi'_k$,那么与沿压气机特性线0→2有关的参数$G_B$、$\eta_k$的全增量可表示为

$$\delta\,\overline{G}_B=\left(1+\frac{1}{2}K'_{11}-\frac{1}{2}K_1-K_{10}\right)\delta\pi'_k+K_{10}\delta\pi_k=\left(1+\frac{1}{2}K'_{11}-\frac{1}{2}K_1-K_{10}\right)K_{12}\delta\,\overline{n}+K_{10}\delta\pi_k$$

$$\delta\eta_k=K'_{11}\delta\pi'_k+K_{11}(\delta\pi_k-\delta\pi'_k)=(K'_{11}-K_{11})K_{12}\delta\,\overline{n}+K_{11}\delta\pi_k$$

压气机功的变化可用式(1-2)确定,即

$$\delta L_k=\delta T_B+K_1\delta\pi_k-\delta\eta_k$$

功由压比和效率确定,如前所述,应该考虑到除了所描述的上述与沿特性线移动有关的效率变化外,还可以讨论附加的效率独立变量,它是以压气机通流部分中的变化为前提的,从这点出发可写出

$$\begin{aligned}\delta L_k&=\delta T_v+K_1\delta\pi_k-(K'_{11}-K_{11})K_{12}\delta\,\overline{n}-K_{11}\delta\pi_k-\delta\eta_k\\&=\delta T_v+(K_1-K_{11})\delta\pi_k+(K_{11}-K'_{11})K_{12}\delta\,\overline{n}-\delta\eta_k\end{aligned}$$

式中 $\delta\eta_k$——压气机效率的独立变量。

我们表示

$$\left(1+\frac{1}{2}K'_{11}-\frac{1}{2}K_1-K_{10}\right)K_{12}=K_m$$

$$(K_{11}-K'_{11})K_{12}=K_n$$

$$K_1 - K_{11} = K_L$$

从而把所得的 $\delta \overline{G}_B$ 和 δL_k 表达式写成

$$\delta \overline{G}_B = K_m \delta \overline{n} + K_{10} \delta \pi_k \tag{2-1}$$

$$\delta L_k = \delta T_v + K_n \delta \overline{n} + K_L \delta \pi_k - \delta \eta_k \tag{2-2}$$

为方便起见，对第一个压气机各影响系数用字母 A 表示，对第二个压气机各影响系数用字母 B 表示。以上讨论中已假定：

(1) $T_v = 0$；

(2) $G_{B_1} = G_{B_2}$，即低压压气机出口无抽气；

(3) 高压压气机出口无抽气。

这里，我们想计入这些因素的影响，因为：

(1) 大气温度对发动机性能的影响我们甚感兴趣；

(2) 抽气量对发动机性能的影响也是个需实际考虑的问题。

为此，继续推导如下：

将式(2-1)、式(2-2)中的折合转速化为物理转速及空气的绝对流量，有

$$\overline{n} = \frac{n}{\sqrt{T_v}}, \overline{G}_B = G_B \frac{\sqrt{T_v}}{P_v}$$

由此得

$$\begin{cases} \delta \overline{n} = \delta n - \dfrac{1}{2} \delta T_v \\ \delta \overline{G}_B = \delta G_B + \dfrac{1}{2} \delta T_v - \delta P_v \end{cases}$$

代入式(2-1)，对第一个压气机空气流量增量表达式为

$$\delta G_{B_1} + \frac{1}{2} \delta T_v - \delta P_v = A_m \delta n_1 + A_{10} \delta \pi_{k_1} - \frac{1}{2} A_m \delta T_v$$

$$\delta G_{B_1} = A_m \delta n_1 + A_{10} \delta \pi_{k_1} + \delta \sigma_v - \frac{1}{2}(1 + A_m) \delta T_v \tag{2-3}$$

(式中运用了 $\delta P_v = \delta \sigma_v$ 的关系。)

同样，压缩功增量表达式写为

$$\delta L_{k_1} = \delta T_v + A_n \delta n_1 - \frac{1}{2} A_n \delta T_v + A_L \delta \pi_{k_1} - \delta \eta_{k_1}$$

$$\delta L_{k_1} = A_n \delta n_1 + A_L \delta \pi_{k_1} - \delta \eta_{k_1} + \left(1 - \frac{1}{2} A_n\right) \delta T_v \tag{2-4}$$

第二个压气机进口的滞止温度等于 T_{k_1}，总压等于 $\sigma_1 p_{k_1}$，其中 σ_1 是考虑两个压气机间的总压损失。由此可得

$$\delta \overline{n}_2 = \delta n_2 - \frac{1}{2} \delta T_{k_1}$$

$$\delta \overline{G}_{B_2} = \delta G_{B_2} - \delta\sigma_v - \delta\sigma_1 - \delta\pi_k + \frac{1}{2}\delta T_{k_1}$$

因而,对第二个压气机来说,一般式(2-1)、式(2-2)可写成

$$\delta G_{B_2} - \delta\sigma_v - \delta\sigma_1 - \delta\pi_{k_1} + \frac{1}{2}\delta T_{k_1} = B_m\delta n_2 - \frac{1}{2}B_m\delta T_{k_1} + B_{10}\delta\pi_{k_2}$$

$$\delta G_{B_2} = B_m\delta n_2 + B_{10}\delta\pi_{k_2} + \delta\pi_{k_1} + \delta\sigma_v - \delta\sigma_1 - \frac{1}{2}(1+B_m)\delta T_{k_1} \quad (2-5)$$

$$\delta L_{k_2} = \delta T_{k_1} + B_n\delta n_2 - \frac{1}{2}B_n\delta T_{k_1} + B_L\delta\pi_{k_2} - \delta\eta_{k_2}$$

$$\delta L_{k_2} = B_n\delta n_2 + B_L\delta\pi_{k_2} - \delta\eta_{k_2} + \left(1 - \frac{1}{2}B_n\right)\delta T_{k_1} \quad (2-6)$$

在式(1-7)中已给出空气压缩过程起始与终点间温度变化的关系,即

$$\delta T_k = \delta T_v + K_2(\delta L_k - \delta T_v) \quad (2-7)$$

把所得的压缩功增量表达式以及初始和终了温度值代入式(2-7),得

$$\delta T_{k_1} = \delta T_v + A_2\left[A_n\delta n_1 + A_n\delta\pi_{k_1} - \delta\eta_{k_1} + \left(1 - \frac{1}{2}A_n\right)\delta T_v\right] - A_2\delta T_v$$

$$= \delta T_v + A_2A_n\delta n_1 + A_2A_L\delta\pi_{k_1} - A_2\delta\eta_{k_1} + A_2\left(1 - \frac{1}{2}A_n\right)\delta T_v - A_2\delta T_v$$

$$= A_2A_n\delta n_1 + A_2A_L\delta\pi_{k_1} - A_2\delta\eta_{k_1} + \left(1 - \frac{1}{2}A_2A_n\right)\delta T_v - A_2\delta T_v \quad (2-8)$$

同理,有

$$\delta T_k = \delta T_{k_1} + B_2\delta T_{k_1} + B_2B_n\delta n_2 - \frac{1}{2}B_2B_n\delta T_{k_1} + B_2B_L\delta\pi_{k_2} - B_2\delta\eta_{k_2} - B_2\delta T_{k_1}$$

$$= B_2B_n\delta n_2 + B_2B_L\delta\pi_{k_2} - B_2\delta\eta_{k_2} + \left(1 - \frac{1}{2}B_2B_n\right)\delta T_{k_1} \quad (2-9)$$

由第一个和第二个涡轮的功方程可得

$$\delta L_{t_1} = \delta T_g + A_3\delta\pi_{t_1} + \delta\eta_{t_1} \quad (2-10)$$

$$\delta L_{t_2} = \delta T_{t_1} + B_3\delta\pi_{t_2} + \delta\eta_{t_2} \quad (2-11)$$

式中

$$\delta T_{t_1} = \delta T_g - A_3A_4\delta\pi_{t_1} - A_4\delta\eta_{t_1} \quad (2-12)$$

2.2 定型发动机参数的相互影响

2.2.1 三轴燃气轮机

三轴燃汽轮机如图2-3所示。

1. 燃气发生器部分的压比方程

$$\delta\pi_\Sigma = \delta\pi_{k_1} + \delta\pi_{k_2} - \delta\pi_{t_1} - \delta\pi_{t_2} + \delta\sigma_v + \delta\sigma_1 + \delta\sigma_g + \delta\sigma_d \quad (2-13)$$

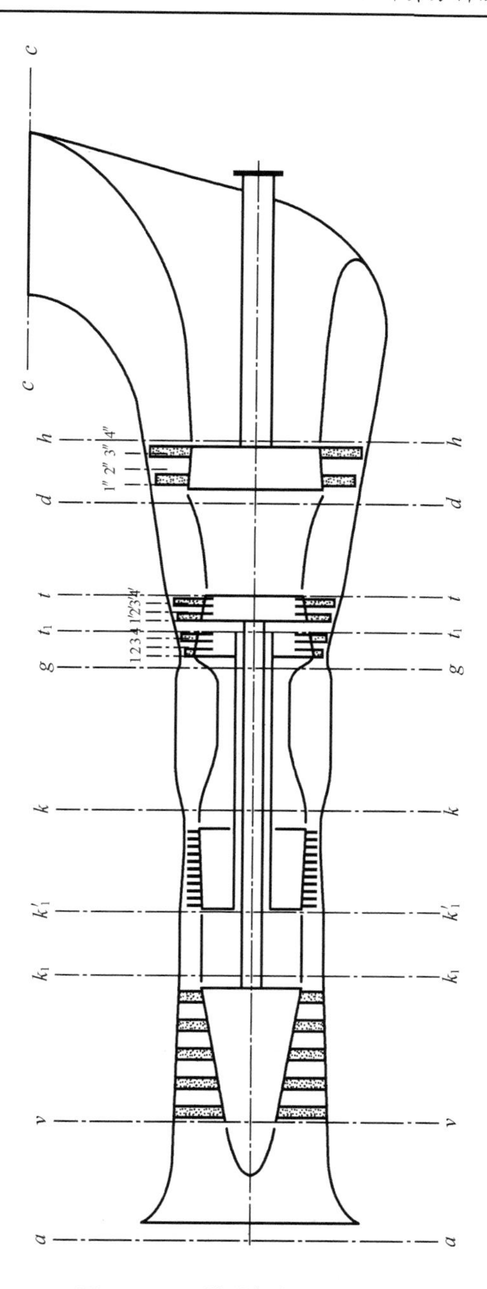

图 2－3　三轴燃气轮机示意图

2. 低压转子功率平衡方程

$$G_{B_1}L_{k_1}=G_{t_2}L_{t_2}\eta_{m_1}$$

$$=(G_{B_1}+\Delta G_1-\Delta G_2)\left(1+\frac{1}{\alpha L_0}\right)L_{t_2}\eta_{m_1} \tag{2－14}$$

$$L_{k_1} = q \cdot \left(1 + \frac{1}{\alpha L_0}\right) L_{t_2} \eta_{m_1} \tag{2-15}$$

式中 q——压气机(包括低、高压压气机)出口的相对总抽气量,$q = 1 - \frac{\Delta G_1}{G_{B_1}} - \frac{\Delta G_2}{G_{B_2}}$;

ΔG_1——低压压气机出口空气抽气量;

ΔG_2——高压压气机出口空气抽气量;

η_{m_1}——低压转子的机械效率。

$$\delta L_{k_1} = \delta L_{t_2} + \delta q$$

将式(2-4)、式(2-11)代入,得

$$A_n \delta n + A_L \delta \pi_{k_1} - \delta \eta_{k_1} + \left(1 - \frac{1}{2} A_n\right) \delta T_v = \delta T_{t_1} + B_3 \delta \pi_{t_2} + \delta \eta_{t_2} + \delta q \tag{2-16}$$

3. 高压转子功率平衡方程

$$G_{B_2} L_{k_2} = G_{g_1} L_{t_1} \eta_{m_2}$$

$$= G_{B_1} \cdot q\left(1 + \frac{1}{\alpha L_0}\right) L_{t_1} \eta_{m_2}$$

$$L_{k_2} = \frac{G_{B_1}}{G_{B_2}} q \cdot \left(1 + \frac{1}{\alpha L_0}\right) L_{t_1} \eta_{m_2}$$

$$= q \cdot \left(1 + \frac{1}{\alpha L_0}\right) L_{t_1} \frac{\eta_{m_2}}{q_1} \tag{2-17}$$

式中 q_1——低压压气机出口空气的相对抽气量,$q_1 = \frac{G_{B_2}}{G_{B_1}} = 1 - \frac{\Delta G_1}{G_{B_1}}$;

η_{m_2}——高压转子的机械效率。

$$\delta L_{k_2} = \delta L_{t_1} + \delta q - \delta q_1$$

$$B_n \delta n_2 + B_L \delta \pi_{k_2} - \delta \eta_{k_2} + \left(1 + \frac{1}{2} B_n\right) \delta T_{k_1} = \delta T_g + A_3 \delta \pi_{t_1} + \delta \eta_{t_1} + \delta q - \delta q_1 \tag{2-18}$$

4. 低压压气机特性方程

由式(2-3)可得

$$\delta G_{B_1} = A_m \delta n_1 + A_{10} \delta \pi_{k_1} + \delta \sigma_v - \frac{1}{2}(1 + A_m) \delta T_v \tag{2-19}$$

5. 压气机进口截面和高压涡轮一级导向器间的连续方程

$$G_{B_1} q\left(1 + \frac{1}{\alpha L_0}\right) = G_{g_1}$$

$$\delta G_{B_1} + \delta q = \delta G_{g_1} \tag{2-20a}$$

$$G_{g_1} = m \cdot \frac{P_g F_{c,a} q(\lambda_{c,a})}{\sqrt{T_g}} \tag{2-20b}$$

$$\delta G_{g_1} = \delta P_g + \delta F_{c,a} + \delta q(\lambda_{c,a}) - \frac{1}{2} \delta T_g$$

$$= \delta\sigma_v + \delta\pi_{k_1} + \delta\pi_{k_2} + \delta\sigma_1 + \delta\sigma_g + \delta F_{c,a} + \delta q(\lambda_{c,a}) - \frac{1}{2}\delta T_g$$

将式(2 - 3)、式(2 - 20b)代入式(2 - 20a)，有

$$A_m\delta n_1 + A_{10}\delta\pi_{k_1} + \delta\sigma_v - \frac{1}{2}(1 + A_m)\delta T_v + \delta q$$

$$= \delta\sigma_v + \delta\pi_{k_1} + \delta\pi_{k_2} + \delta\sigma_1 + \delta\sigma_g + \delta F_{c,a} + \delta q(\lambda_{c,a}) - \frac{1}{2}\delta T_g$$

$$A_m\delta n_1 - (1 - A_{10})\delta\pi_{k_1} - \frac{1}{2}(1 + A_m)\delta T_v + \delta q$$

$$= \delta\pi_{k_2} + \delta\sigma_1 + \delta\sigma_g + \delta F_{c,a} + \delta q(\lambda_{c,a}) - \frac{1}{2}\delta T_g \tag{2-21}$$

6. 低压压气机和高压压气机进口截面间的连续方程

$$G_{B_1} \cdot q_1 = G_{B_2}$$

$$\delta G_{B_1} + \delta q_1 = \delta G_{B_2} \tag{2-22}$$

将式(2 - 3)、式(2 - 5)代入式(2 - 20a)，有

$$A_m\delta n_1 + A_{10}\delta\pi_{k_1} + \delta\sigma_v - \frac{1}{2}(1 + A_m)\delta T_v + \delta q_1$$

$$= B_m\delta n_2 + B_{10}\delta\pi_{k_2} + \delta\pi_{k_1} + \delta\sigma_v + \delta\sigma_1 - \frac{1}{2}(1 + B_m)\delta T_{k_1}$$

$$A_m\delta n_1 + (1 - A_{10})\delta\pi_{k_1} - \frac{1}{2}(1 + A_m)\delta T_v + \delta q_1$$

$$= B_m\delta n_2 + B_{10}\delta\pi_{k_2} + \delta\sigma_1 - \frac{1}{2}(1 + B_m)\delta T_{k_1} \tag{2-23}$$

7. 高、低压涡轮一级导向器间的连续方程

$$G_{g_1} = G_{g_2}$$

$$m \cdot \frac{P_g \cdot F_{c,a} q(\lambda_{c,a})}{\sqrt{T_g}} = m \cdot \frac{P_{t_1} \cdot F'_{c,a} \cdot q(\lambda'_{c,a})}{\sqrt{T_{t_1}}}$$

$$\frac{P_g}{P_{t_1}} = \frac{F'_{c,a}}{F_{c,a}} \cdot \frac{q(\lambda'_{c,a})}{q(\lambda_{c,a})} \cdot \frac{\sqrt{T_g}}{\sqrt{T_{t_1}}}$$

$$\pi_{t_1} = \frac{F'_{c,a}}{F_{c,a}} \cdot \frac{q(\lambda'_{c,a})}{q(\lambda_{c,a})} \cdot \frac{\sqrt{T_g}}{\sqrt{T_{t_1}}}$$

$$\delta\pi_{t_1} = \delta F'_{c,a} - \delta F_{c,a} + \delta q(\lambda'_{c,a}) - \delta q(\lambda_{c,a}) + \frac{1}{2}\delta T_g - \frac{1}{2}\delta T_{t_1}$$

将式(2 - 12)代入，得

$$\delta\pi_{t_1} = \delta F'_{c,a} - \delta F_{c,a} + \delta q(\lambda'_{c,a}) - \delta q(\lambda_{c,a}) + \frac{1}{2}\delta T_g - \frac{1}{2}\delta T_g + \frac{1}{2}A_3A_4\delta\pi_{t_1} + \frac{1}{2}A_4\delta\eta_{t_1}$$

$$\left(1 - \frac{1}{2}A_3A_4\right)\delta\pi_{t_1} = \delta F'_{c,a} - \delta F_{c,a} + \delta q(\lambda'_{c,a}) - \delta q(\lambda_{c,a}) + \frac{1}{2}A_4\delta\eta_{t_1}$$

8. 低压涡轮与动力涡轮一级导向器间的连续方程

$$G_{g2}=G_{g3}$$

$$m\cdot\frac{P_{t_1}\cdot F'_{c,a}q(\lambda'_{c,a})}{\sqrt{T_{t_1}}}=m\cdot\frac{P_d\cdot F''_{c,a}\cdot q(\lambda''_{c,a})}{\sqrt{T_d}}$$

$$\frac{P_{t_1}}{P_d}=\frac{F''_{c,a}}{F'_{c,a}}\cdot\frac{q(\lambda''_{c,a})}{q(\lambda'_{c,a})}\cdot\frac{\sqrt{T_{t_1}}}{\sqrt{T_d}} \tag{2-24}$$

$$\frac{P_{t_1}}{P_d}=\frac{P_{t_1}}{P_t}\cdot\frac{P_t}{P_d}=\frac{\pi_{t_2}}{\sigma_d},\ T_d=T_g$$

代入式(2－24),得

$$\delta\pi_{t_2}=\delta\sigma_d+\delta F''_{c,a}-\delta F'_{c,a}+\delta q(\lambda''_{c,a})-\delta q(\lambda'_{c,a})+\frac{1}{2}\delta T_{t_1}-\frac{1}{2}\delta T_t \tag{2-25}$$

9. 低压压气机压缩过程空气温升

由式(2－8)有

$$\delta T_{k_1}=A_2A_n\delta n_1+A_2A_L\delta\pi_{k_1}-A_2\delta\eta_{k_1}+\left(1-\frac{1}{2}A_2A_n\right)\delta T_v \tag{2-26}$$

10. 高压压气机压缩过程空气温升

由式(2－9)有

$$\delta T_k=B_2B_n\delta n_2+B_2B_L\delta\pi_{k_2}-B_2\delta\eta_{k_2}+\left(1-\frac{1}{2}B_2B_n\right)\delta T_{k_1} \tag{2-27}$$

11. 高压涡轮膨胀过程燃气温降方程

由式(2－12)有

$$\delta T_{t_1}=\delta T_g-A_3A_4\delta\pi_{t_1}-A_4\delta\eta_{t_1} \tag{2-28}$$

12. 低压涡轮膨胀过程燃气温降方程

$$\delta T_t=\delta T_{t_1}-B_3B_4\delta\pi_{t_2}-B_4\delta\eta_{t_2} \tag{2-29}$$

13. 燃烧过程方程

由式(1－17)有

$$\delta G_t=\delta G_{B_1}+K_5\delta T_g-(K_5-1)\delta T_k+\delta q-\delta\eta_g$$

视 $\delta\eta_g=0$,可得

$$\delta G_t=\delta G_{B_1}+K_5\delta T_g-(K_5-1)\delta T_k+\delta q \tag{2-30}$$

14. 动力涡轮压比方程

$$\frac{P_d}{P_a}=\frac{P_d}{P_h}\cdot\frac{P_h}{P_c}=\frac{P_c}{P_a}$$

即

$$\pi_\Sigma=\pi_{t_3}\cdot\frac{\pi_c}{\sigma_c}$$

$$\delta\pi_c=\delta\pi_\Sigma-\delta\pi_{t_3}+\delta\sigma_c \tag{2-31}$$

15. 动力涡轮一级导向器与排气管出口截面的连续方程

由式(1-69)有

$$\left(1-\frac{1}{2}C_3C_4\right)\delta\pi_{t_3}=\delta\sigma_c+\delta F_c-\delta F''_{c,a}+K'_6\delta\pi_c-\delta q(\lambda''_{c,a})+\frac{1}{2}C_4\delta\eta_{t_3} \tag{2-32}$$

将式(2-31)代入式(2-32),消项后可写成

$$\left(1-\frac{1}{2}C_3C_4\right)\delta\pi_{t_3}=\delta\sigma_c+\delta F_c-\delta F''_{c,a}+K'_6\delta\pi_\Sigma-K'_6\delta\pi_{t_3}+K'_6\delta\sigma_c-\delta q(\lambda''_{c,a})+\frac{1}{2}C_4\delta\eta_{t_3}$$

$$\delta\pi_{t_3}=C_z\left[(1+K'_6)\delta\sigma_c+\frac{1}{2}C_4\delta\eta_{t_3}+K'_6\delta\pi_\Sigma-\delta F''_{c,a}-\delta q(\lambda''_{c,a})\right] \tag{2-33}$$

其中,$C_z=\dfrac{1}{\left(1-\frac{1}{2}C_3C_4+K'_6\right)}$。

16. 动力涡轮功率平衡方程

$$N_B=G_{g3}\cdot L_{t_3}\cdot\eta_{m_3} \tag{2-34}$$

式中　η_{m_3}——动力涡轮的机械效率,或可包括减速器效率。

$$\delta N_B=\delta G_{g_3}+\delta L_{t_3}+\delta\eta_{m_3} \tag{2-35}$$

由式(2-20a)有

$$\delta G_{g_1}=\delta G_{B_1}+\delta q$$

故

$$\delta G_{g_3}=\delta G_{g_1}=\delta G_{B_1}+\delta q$$

由式(1-9)有

$$\delta L_{t_3}=\delta T_t+\delta\eta_{t_3}+C_3\delta\pi_{t_3}$$

将 δG_{g_3}、δL_{t_3}代入式(2-35),得

$$\delta N_B=\delta G_{B_1}+\delta q+\delta T_t+C_3\delta\pi_{t_3}+\delta\eta_{t_3}+\delta\eta_{m_3} \tag{2-36}$$

17. 耗油率方程

$$\delta C_e=\delta G_g-\delta N_B \tag{2-37}$$

18. 动力涡轮压比平衡方程

$$\delta\pi_{t_3}-\delta\pi''_1-\delta\pi''_2-\delta\pi''_3-\delta\pi''_4=0 \tag{2-38}$$

19. 动力涡轮一级导叶与一级动叶间的连续方程

$$(1+b''_1-z''_1)\delta\pi''_1-b''_2\pi''_2=\delta F''_2-\delta F''_{c,a} \tag{2-39}$$

20. 一级动叶与二级导叶间连续方程

$$(1+b''_2-z''_2)\delta\pi''_2-b''_3\pi''_3=\delta F''_3-\delta F''_2 \tag{2-40}$$

21. 二级导叶与二级动叶间连续方程

$$(1+b''_3-z''_3)\delta\pi''_3-b''_4\pi''_4=\delta F''_4-\delta F''_3 \tag{2-41}$$

22~25. 用压比表示的气动函数方程

$$\delta q(\lambda''_{c,a})-b''_1\delta\pi''_1=0 \tag{2-42}$$

$$\delta q(\lambda_2'') - b_2''\delta\pi_2'' = 0 \qquad (2-43)$$

$$\delta q(\lambda_3'') - b_3''\delta\pi_3'' = 0 \qquad (2-44)$$

$$\delta q(\lambda_4'') - b_4''\delta\pi_4'' = 0 \qquad (2-45)$$

26. 动力涡轮一级压比方程

$$\delta\pi_{1T}'' - \delta\pi_1'' - \delta\pi_2'' = 0 \qquad (2-46)$$

27. 动力涡轮二级压比方程

$$\delta\pi_{2T}'' - \delta\pi_3'' - \delta\pi_4'' = 0 \qquad (2-47)$$

28. 动力涡轮燃气膨胀温降方程

$$\delta T_h - \delta T_t + C_3 C_4 \delta\pi_{t_3} = -C_4\delta\eta_{t_3} \qquad (2-48)$$

最终方程可归纳如下(独立变量均置于等号右边,随变量均置等号左边,并按 n_2 调节规律):

(1)燃气发生器压比方程为

$$-\delta\pi_{k_1} - \delta\pi_{k_2} + \delta\pi_{t_1} + \delta\pi_{t_2} + \delta\pi_{\Sigma} = \delta\sigma_v + \delta\sigma_1 + \delta\sigma_g + \delta\sigma_d$$

(2)低压转子功率平衡方程为

$$A_L\delta\pi_{k_1} - \delta T_{t_1} - B_3\delta\pi_{t_2} + A_n\delta n_1 = \delta\eta_{k_1} - \left(1 - \frac{1}{2}A_n\right)\delta T_v + \delta\eta_{t_2} + \delta q$$

(3)高压转子功率平衡方程为

$$B_L\delta\pi_{k_2} + \left(1 - \frac{1}{2}B_n\right)\delta T_{k_1} - \delta T_g - A_3\delta\pi_{t_1} = \delta\eta_{k_2} + \delta\eta_{t_1} + \delta q - \delta q_1 - B_n\delta n_2$$

(4)低压压气机特性方程为

$$\delta G_{B_1} - A_{10}\delta\pi_{k_1} - A_m\delta n_1 = \delta\sigma_v - \frac{1}{2}(1 + A_m)\delta T_v$$

(5)压气机进口截面和高压涡轮机一级导向器间的连续方程为

$$\frac{1}{2}\delta T_g - (1 - A_{10})\delta\pi_{k_1} - \delta\pi_{k_2} + A_m\delta n_1 = \frac{1}{2}(1 + A_m)\delta T_v - \delta q + \delta\sigma_1 + \delta\sigma_g + \delta F_{c,a} + \delta q(\lambda_{c,a})$$

(6)低压压气机和高压压气机进口截面间的连续方程为

$$\frac{1}{2}(1 + B_m)\delta T_{k_1} + (1 - A_{10})\delta\pi_{k_1} - B_{10}\delta\pi_{k_2} + A_m\delta n_1 = \delta\sigma_1 + \frac{1}{2}(1 + A_m)\delta T_v - \delta q_1 + B_m\delta n_2$$

(7)高、低压涡轮一级导向器间的连续方程为

$$\left(1 - \frac{1}{2}A_3A_4\right)\delta\pi_{t_1} = \delta F_{c,a}' - \delta F_{c,a} + \frac{1}{2}A_4\delta\eta_{t_1}$$

(8)低压涡轮与动力涡轮一级导向器间的连续方程为

$$\delta\pi_{t_2} - \delta q(\lambda_{c,a}'') - \frac{1}{2}\delta T_{t_1} + \frac{1}{2}\delta T_t - \delta q(\lambda_{c,a}') = \delta\sigma_d + \delta F_{c,a}'' - \delta F_{c,a}'$$

(9)低压压气机压缩过程空气温升为

$$\delta T_{k_1} - A_2A_L\delta\pi_{k_1} - A_2A_n\delta n_1 = \left(1 - \frac{1}{2}A_2A_n\right)\delta T_v - A_2\delta\eta_{k_1}$$

(10)高压压气机压缩过程空气温升为

$$\delta T_k - B_2 B_L \delta\pi_{k_2} - \left(1 - \frac{1}{2}B_2 B_n\right)\delta T_{k_1} = -B_2\delta\eta_{k_2} + B_2 B_n \delta n_2$$

(11)高压涡轮膨胀过程燃气温降为

$$\delta T_{t_1} - \delta T_g + A_3 A_4 \delta\pi_{t_1} = -A_4\delta\eta_{t_1}$$

(12)低压涡轮膨胀过程燃气温降为

$$\delta T_t - \delta T_{t_1} + B_3 B_4 \delta\pi_{t_2} = -B_4 \delta\eta_{t_2}$$

(13)燃烧过程方程为

$$\delta G_t - \delta G_{\mathrm{B}_1} - K_5 \delta T_g + (K_5 - 1)\delta T_k = \delta q - \delta\eta_g$$

(14)动力涡轮压比方程为

$$\delta\pi_c + \delta\pi_{t_3} - \delta\pi_\Sigma = \delta\sigma_c$$

(15)动力涡轮一级导向器与排气管出口截面间的连续方程为

$$\delta\pi_{t_3} - C_z K_6' \delta\pi_\Sigma + C_z \delta q(\lambda''_{c,a}) = C_z\left[(1 + K_6')\delta\sigma_c + \frac{1}{2}C_4\delta\eta_{t_3} - \delta F''_{c,a}\right]$$

(16)动力涡轮功率平衡为

$$\delta N_{\mathrm{B}} - \delta G_{\mathrm{B}_1} - \delta T_t - C_3\delta\pi_{t_3} = \delta q + \delta\eta_{t_3} + \delta\eta_{\mathrm{m}_3}$$

(17)耗油率方程为

$$\delta C_{\mathrm{e}} - \delta G_g + \delta N_{\mathrm{B}} = 0$$

(18)动力涡轮压比平衡方程为

$$\delta\pi_{t_3} - \delta\pi_1'' - \delta\pi_2'' - \delta\pi_3'' - \delta\pi_4'' = 0$$

(19)动力涡轮一级导叶与一级动叶间的连续方程为

$$(1 + b_1'' - z_1'')\delta\pi_1'' - b_2''\delta\pi_2'' = \delta F_2'' - \delta F''_{c,a}$$

(20)一级动叶与二级导叶间的连续方程为

$$(1 + b_2'' - z_2'')\delta\pi_2'' - b_3''\delta\pi_3'' = \delta F_3'' - \delta F_2''$$

(21)二级导叶与二级动叶间的连续方程为

$$(1 + b_3'' - z_3'')\delta\pi_3'' - b_4''\delta\pi_4'' = \delta F_4'' - \delta F_3''$$

(22)~(25)用压比表示的气动函数方程为

$$\delta q(\lambda''_{c,a}) - b_1''\delta\pi_1'' = 0$$

$$\delta q(\lambda_2'') - b_2''\delta\pi_2'' = 0$$

$$\delta q(\lambda_3'') - b_3''\delta\pi_3'' = 0$$

$$\delta q(\lambda_4'') - b_4''\delta\pi_4'' = 0$$

(26)动力涡轮一级压比方程为

$$\delta\pi_{1\mathrm{T}}'' - \delta\pi_1'' - \delta\pi_2'' = 0$$

(27)动力涡轮二级压比方程为

$$\delta\pi_{2\mathrm{T}}'' - \delta\pi_3'' - \delta\pi_4'' = 0$$

(28)动力涡轮燃气膨胀温降方程为

$$\delta T_h - \delta T_t + C_3 C_4 \delta\pi_{t_3} = -C_4 \delta\eta_{t_3}$$

共28个方程,有28个随变量:$\delta\pi_\Sigma$、$\delta\pi_{k_1}$、$\delta\pi_{k_2}$、$\delta\pi_{t_1}$、$\delta\pi_{t_2}$、$\delta\pi_{t_3}$、$\delta\pi_c$、$\delta\pi''_1$、$\delta\pi''_2$、$\delta\pi''_3$、$\delta\pi''_4$、$\delta\pi''_{1T}$、$\delta\pi''_{2T}$、$\delta\pi''_{k_1}$、$\delta\pi''_k$、$\delta\pi''_g$、$\delta\pi''_{t_1}$、$\delta\pi''_t$、$\delta\pi''_h$、$\delta q(\lambda_{c,a})$、$\delta q(\lambda''_2)$、$\delta q(\lambda''_3)$、$\delta q(\lambda''_4)$、δG_{B_1}、δG_t、δN_B、δC_e、δn_1。

有21个独立变量:$\delta\sigma_v$、$\delta\sigma_1$、$\delta\sigma_g$、$\delta\sigma_d$、$\delta\sigma_c$、$\delta F_{c,a}$、$\delta F'_{c,a}$、$\delta F''_{c,a}$、$\delta F''_2$、$\delta F''_3$、$\delta F''_4$、δq、δq_1、$\delta\eta_{k_1}$、$\delta\eta_{k_2}$、$\delta\eta_{t_1}$、$\delta\eta_{t_2}$、$\delta\eta_{t_3}$、$\delta\eta_{m_3}$、δT_v、δn_2。

2.2.2 燃气发生器(双转子)

1. 压比方程

$$\delta\pi_c = \delta\pi_{k_1} + \delta\pi_{k_2} - \delta\pi_{t_1} - \delta\pi_{t_2} + \delta\sigma_v + \delta\sigma_1 + \delta\sigma_g + \delta\sigma_c$$

2. 低压转子功率平衡方程

$$A_n \delta n_1 + A_L \delta\pi_{k_1} - \delta\eta_{k_1} = \delta T_{t_1} + B_3 \delta\pi_{t_2} + \delta\eta_{t_2} + \delta q$$

3. 高压转子功率平衡方程

$$B_n \delta n_2 + B_L \delta\pi_{k_2} - \delta\eta_{k_2} + \left(1 - \frac{1}{2}B_n\right)\delta T_{k_1} = \delta T_g + A_3 \delta\pi_{t_1} + \delta\eta_{t_1} + \delta q - \delta q_1$$

4. 低压压气机特性方程

$$\delta G_{n_1} = A_m \delta n_1 + A_{10} \delta\pi_{k_1} + \delta\sigma_v$$

5. 压气机进口截面和高压涡轮一级导向器间的连续方程

$$A_m \delta n_1 - (1 - A_{10})\delta\pi_{k_1} = \delta\pi_{k_2} + \delta\sigma_1 + \delta\sigma_g + \delta F_{c,a} - \frac{1}{2}\delta T_g + \delta q(\lambda_{c,a}) - \delta q$$

6. 低压和高压压气机进口截面间的连续方程

$$A_m \delta n_1 + (1 - A_{10})\delta\pi_{k_1} = B_m \delta n_2 + B_{10}\delta\pi_{k_2} + \delta\sigma_1 - \frac{1}{2}(1 + B_m)\delta T_{k_1} - \delta q_1$$

7. 高压和低压涡轮一级导向器间的连续方程

$$\left(1 - \frac{1}{2}A_3 A_4\right)\delta\pi_{t_1} = \delta F'_{c,a} - \delta F_{c,a} + \frac{1}{2}A_4 \delta\eta_{t_1} + \delta q(\lambda'_{c,a}) - \delta q(\lambda_{c,a})$$

8. 低压涡轮Ⅰ级导向器和喷口间的连续方程

$$\left(1 - \frac{1}{2}B_3 B_4\right)\delta\pi_{t_2} = \delta F_{c,a} + \delta F'_{c,a} - \delta\sigma_c + \frac{1}{2}B_4 \delta\eta_{t_2} + K'_6 \delta\pi_c - \delta q(\lambda'_{c,a})$$

9. 低压压气机压缩过程空气温升

$$\delta T_{k_1} = A_2 A_n \delta n_1 + A_2 A_L \delta\pi_{k_1} - A_2 \delta\eta_{k_1}$$

10. 高压压气机压缩过程空气温升

$$\delta T_k = B_2 B_n \delta n_2 + B_2 B_L \delta\pi_{k_2} - B_2 \delta\eta_{k_2} + \left(1 - \frac{1}{2}B_2 B_n\right)\delta T_{k_1}$$

11. 高压涡轮膨胀过程燃气温降方程

$$\delta T_{t_1} = \delta T_g - A_3 A_4 \delta\pi_{t_1} - A_4 \delta\eta_{t_1}$$

12. 低压涡轮膨胀过程燃气温降方程

$$\delta T_t = \delta T_{t_1} - B_3 B_4 \delta\pi_{t_2} - B_4 \delta\eta_{t_2}$$

13. 燃烧过程方程

$$\delta G_{\mathrm{T}} = \delta G'_{\mathrm{B}_1} + K_t \delta T_g - (K_5 - 1)\delta T_k + \delta q$$

14. 推力方程

$$\delta R = \delta F_c + K_7 K_8 \delta\pi_c$$

15. 耗油率方程

$$\delta C_{\mathrm{e}} = \delta G_{\mathrm{T}} - \delta R$$

16. 高压涡轮压比平衡方程

$$\delta\pi_{t_1} - \delta\pi_1 - \delta\pi_2 - \delta\pi_3 - \delta\pi_4 = 0$$

17. 高压涡轮一级导叶与一级动叶间的连续方程

$$(1 + b_1 - z_1)\delta\pi_1 - b_2\delta\pi_2 = \delta F_2 - \delta F_{c,a}$$

18. 一级动叶与二级导叶间连续方程

$$(1 + b_2 - z_2)\delta\pi_2 - b_3\delta\pi_3 = \delta F_3 - \delta F_2$$

19. 二级导叶与二级动叶间连续方程

$$(1 + b_3 - z_3)\delta\pi_3 - b_4\delta\pi_4 = \delta F_4 - \delta F_3$$

20. 高压涡轮一级压比方程

$$\delta\pi_{1\mathrm{T}} - \delta\pi_1 - \delta\pi_2 = 0$$

21. 高压涡轮二级压比方程

$$\delta\pi_{2\mathrm{T}} - \delta\pi_3 - \delta\pi_4 = 0$$

22 ~ 25. 用压比表示的气动函数方程

$$\delta q(\lambda_{c,a}) - b_1\delta\pi_1 = 0$$

$$\delta q(\lambda_2) - b_2\delta\pi_2 = 0$$

$$\delta q(\lambda_3) - b_3\delta\pi_3 = 0$$

$$\delta q(\lambda_4) - b_4\delta\pi_4 = 0$$

26. 低压涡轮压比平衡方程

$$\delta\pi_{t_2} - \delta\pi'_1 - \delta\pi'_2 - \delta\pi'_3 - \delta\pi'_4 = 0$$

27. 低压涡轮一级导叶与一级动叶间连续方程

$$(1 + b'_1 - z'_1)\delta\pi'_1 - b'_2\delta\pi'_2 = \delta F'_2 - \delta F'_{c,a}$$

28. 一级动叶与二级导叶间连续方程

$$(1 + b'_2 - z'_2)\delta\pi'_2 - b'_3\delta\pi'_3 = \delta F'_3 - \delta F'_2$$

29. 二级导叶与二级动叶间连续方程

$$(1 + b'_3 - z'_3)\delta\pi'_3 - b'_4\delta\pi'_4 = \delta F'_4 - \delta F'_3$$

30. 低压涡轮一级压比方程

$$\delta\pi'_{1\mathrm{T}} - \delta\pi'_1 - \delta\pi'_2 = 0$$

31. 低压涡轮二级压比方程

$$\delta\pi'_{2T}-\delta\pi'_3-\delta\pi'_4=0$$

32～33. 用压比表示的气动函数方程

$$\delta(\lambda'_{c,a})-b'_1\delta\pi'_1=0$$
$$\delta(\lambda'_2)-b'_2\delta\pi'_2=0$$
$$\delta(\lambda'_3)-b'_3\delta\pi'_3=0$$
$$\delta(\lambda'_4)-b'_4\delta\pi'_4=0$$

共35个方程，有35个随变量：$\delta\pi_{k_1}$、$\delta\pi_{k_2}$、$\delta\pi_{t_1}$、$\delta\pi_{t_1}$、$\delta\pi_c$、$\delta\pi_{1T}$、$\delta\pi_{2T}$、$\delta\pi'_{1T}$、$\delta\pi'_{2T}$、$\delta\pi'_1$、$\delta\pi'_2$、$\delta\pi'_3$、$\delta\pi'_4$、$\delta\pi_1$、$\delta\pi_2$、$\delta\pi_3$、$\delta\pi_4$、δT_{k_1}、δT_k、δT_g、δT_{t_1}、δT_t、$\delta q(\lambda_{c,a})$、$\delta q(\lambda_2)$、$\delta q(\lambda_3)$、$\delta q(\lambda_4)$、$\delta q(\lambda'_{c,a})$、$\delta q(\lambda'_2)$、$\delta q(\lambda'_3)$、$\delta q(\lambda'_4)$、δG_{B_1}、δG_T、δR、δC_e、δn_1。

有20个独立变量：$\delta\sigma_v$、$\delta\sigma_1$、$\delta\sigma_g$、$\delta\sigma_c$、$\delta F_{c,a}$、δF_2、δF_3、δF_4、δF_c、$\delta F'_{c,a}$、$\delta F'_2$、$\delta F'_3$、$\delta F'_4$、δq、δq_1、$\delta\eta_{k_1}$、$\delta\eta_{k_2}$、$\delta\eta_{t_1}$、$\delta\eta_{t_2}$、δn_2。

2.3　选择设计发动机的最佳参数

2.3.1　燃气发生器

双转子燃气发生器的所有方程、解的次序、最终的关系式，以及所设计发动机参数的影响系数表与单转子发生器的相似，只要将 π_k 取为两个压气机的总压比，π_t 为两个透平的总膨胀比，即

$$\pi_k=\pi_{k_1}\pi_{k_2}$$
$$\pi_t=\pi_{t_1}\pi_{t_2}$$

或

$$\delta\pi_k=\delta\pi_{k_1}+\delta\pi_{k_2}$$
$$\delta\pi_t=\delta\pi_{t_1}+\delta\pi_{t_2}$$

相应地，$\delta\eta_k$ 和 $\delta\eta_t$ 也应取为两个压气机和两个涡轮的总效率的变化，可对两个压气机的系统建立压气机级效率与其总效率的关系。

$$\delta\eta_k=\frac{1}{K_2}(A_2\delta\eta_{k_1}+B_2\delta\eta_{k_2})\tag{2-49}$$

其中，A_2 和 B_2 表示第一和第二个压气机相应的 K_2 值。以后就用 A、B 来表示压气机、涡轮相应之 K 值。

显然有

$$\pi_t=\pi_{t_1}\pi_{t_2}$$

和

$$\frac{T_g}{T_t}=\frac{T_g}{T_{t_1}}\cdot\frac{T_{t_1}}{T_t}\tag{2-50}$$

式中　T_{t_1}——第一个涡轮后燃气的滞止温度。

因此

$$K_3K_4\delta\pi_t + K_4\delta\eta_t = A_3A_4\delta\pi_{t_1} + A_4\delta\eta_{t_1} + B_3B_4\delta\pi_{t_2} + B_4\delta\eta_{t_2} \qquad (2-51)$$

在式(2－51)中忽略各透平与透平总的 K_3K_4 乘积间的差别，仅带来二阶小量的误差就可得关系式

$$\delta\eta_t = \frac{1}{K_4}(A_4\delta\eta_{t_1} + B_4\delta\eta_{t_2}) \qquad (2-52)$$

式(2－49)和式(2－52)可阐明每个压气机和涡轮的效率对整个发动机的 η_k 和 η_t 值的影响。然后，借助于 δR 和 δC_R 式，求得推力和耗油率的相应变化。当编制双轴发动机的影响系数表时，补充 4 个独立变量：$\delta\eta_{k_1}$、$\delta\eta_{k_2}$、$\delta\eta_{t_1}$、$\delta\eta_{t_2}$。

当分析双转子燃气发生器参数的相互关系时(在设计过程中)，各压气机参数和燃气初温的变化引起所需的涡轮膨胀比 π_{t_1} 和 π_{t_2} 的变化的关系有时是有用的，从发动机每轴的功率平衡方程中可以很容易地求得这种关系。对低压轴可写出

$$G_BL_{k_1} = G_gL_{t_2}$$

或

$$\delta G_B + \delta T_v + A_1\delta\pi_{k_1} - \delta\eta_{k_1} = \delta G_g + \delta T_{t_1} + B_3\delta\pi_{t_2} + \delta\eta_{t_2} \qquad (2-53)$$

将 $\delta G_B = \delta G_g$，$\delta T_v = 0$ 及 $\delta T_{t_1} = \delta T_g - A_3A_4\delta\pi_{t_1} - A_4\delta\pi_{t_1}$ 代入式(2－53)得

$$A_1\delta\pi_{k_1} - \delta\eta_{k_1} = \delta T_g - A_3A_4\delta\pi_{t_1} - A_4\delta\eta_{t_1} + B_3\delta\pi_{t_2} + \delta\eta_{t_2} \qquad (2-54)$$

类似地，从高压轴功率平衡方程

$$G_BL_{k_2} = G_gL_{t_1}$$

得

$$\delta T_{k_1} + B_1\delta\pi_{k_2} - \delta\eta_{k_2} = \delta T_g + A_3\delta\pi_{t_1} + \delta\eta_{t_1}$$

考虑到

$$\delta T_{k_1} = \delta T_v + A_1A_2\delta\pi_{k_1} - A_2\delta\eta_{k_1}$$

使方程变为

$$A_1A_2\delta\pi_{k_1} - A_2\delta\eta_{k_1} + B_1\delta\pi_{k_2} - \delta\eta_{k_2} = \delta T_g + A_3\delta\pi_{t_1} + \delta\eta_{t_1} \qquad (2-55)$$

通过式(2－54)和式(2－55)就可确定所要求的 π_{t_1} 和 π_{t_2} 的变化量与发动机其他参数变化间的关系，即

$$\delta\pi_{t_1} = \frac{1}{A_3}(B_1\delta\pi_{k_2} + A_1A_2\delta\pi_{k_1} - \delta\eta_{k_2} - A_2\delta\eta_{k_1} - \delta\eta_{t_1} - \delta T_g)$$

$$\delta\pi_{t_2} = \frac{1}{B_3}[A_1\delta\pi_{k_1} + B_1B_2\delta\pi_{k_2} - (1 + A_2A_4)\delta\eta_{k_1} - (1 + A_4)\delta\eta_{k_2} - \delta\eta_{t_2} - (A_4 + 1)\delta T_g]$$

2.3.2 燃气轮机

进行本推导时，可充分利用对双轴燃气轮机所做的工作。

1. 低压轴功率平衡方程

$$G_{B_1}L_{k_1}=G_{g_2}L_{t_2}\eta_{m_1}$$

$$=(G_{B_1}-\Delta G_1-\Delta G_2)\left(1+\frac{1}{\alpha L_0}\right)L_{t_2}\eta_{m_1} \tag{2-56}$$

$$L_{k_1}=q\left(1+\frac{1}{\alpha L_0}\right)L_{t_2}\eta_{m_1}$$

式中 q——压气机(包括低、高压压气机)出口的相对总抽气量,$q=1-\frac{\Delta G_1}{G_{B_1}}-\frac{\Delta G_2}{G_{B_2}}$;

ΔG_1——低压压气机出口的空气抽气量;

ΔG_2——高压压气机出口的空气抽气量;

η_{m_1}——低压转子的机械效率。

$$\delta L_{k_1}=\delta L_{t_2}+\delta q$$

将式(1-2)、式(1-9)代入,得

$$\delta T_v+A_1\delta\pi_{k_1}-\delta\eta_{k_1}=\delta T_{t_1}+\delta\eta_{t_2}+B_3\delta\pi_{t_2}+\delta q$$

因为 $\delta T_v=0$,所以

$$A_1\delta\pi_{k_1}-\delta\eta_{k_1}=\delta T_{t_1}+\delta\eta_{t_2}+B_3\delta\pi_{t_2}+\delta q \tag{2-57}$$

2. 高压轴功率平衡方程

$$\begin{cases} G_{B_2}L_{k_2}=G_{g_1}L_{t_1}\eta_{m_2} \\ \qquad =G_{B_1}q\left(1+\frac{1}{\alpha L_0}\right)L_{t_1}\eta_{m_2} \\ L_{k_2}=\frac{G_{B_1}}{G_{B_2}}q\left(1+\frac{1}{\alpha L_0}\right)L_{t_1}\eta_{m_2} \\ \qquad =q\left(1+\frac{1}{\alpha L_0}\right)L_{t_1}\frac{\eta_{m_2}}{q_1} \end{cases} \tag{2-58}$$

式中 q——低压压气机出口空气的相对抽气量,$q=\frac{G_{n_2}}{G_{n_1}}=1-\frac{\Delta G_1}{G_{B_1}}$。

$$\delta L_{k_2}=\delta L_{t_1}+\delta q-\delta q_1$$

将式(1-2)、式(1-9)代入,得

$$\delta T_{k_1}+B_1\delta\pi_{k_2}-\delta\eta_{k_2}=\delta T_g+\delta\eta_{t_1}+A_3\delta\pi_{t_1}+\delta q-\delta q_1 \tag{2-59}$$

3. 压比方程

参照式(1-61),有

$$\delta\pi_\Sigma=\delta\pi_{k_1}+\delta\pi_{k_2}-\delta\pi_{t_1}-\delta\pi_{t_2}+\delta\sigma_v+\delta\sigma_g+\delta\sigma_d$$

参照式(1-68),有

$$\delta\pi_c=\delta\pi_\Sigma-\delta\pi_{t_3}+\delta\sigma_c$$

故可得

$$\delta\pi_c+\delta\pi_{t_3}-\delta\sigma_c=\delta\pi_{k_1}+\delta\pi_{k_2}-\delta\pi_{t_1}-\delta\pi_{t_2}+\delta\sigma_v+\delta\sigma_g+\delta\sigma_d \tag{2-60}$$

4. 燃烧过程方程

参照式(1－17)，有

$$\delta G_{\mathrm{T}} = \delta G_{\mathrm{B}_1} - \delta\eta_g + K_t \delta T_g - (K_5 - 1)\delta T_k + \delta q \tag{2-61}$$

5. 压气机压缩过程空气温升方程

参照式(1－7)，有

$$\delta T_{k_1} = A_1 A_2 \delta\pi_{k_1} - A_2 \delta\eta_{k_1} \tag{2-62}$$

$$\delta T_k = B_1 B_2 \delta\pi_{k_2} - B_2 \delta\eta_{k_2} \tag{2-63}$$

6. 涡轮气体膨胀过程方程

参照式(1－12)，有

$$\delta T_{t_1} = \delta T_g - A_4 \delta\eta_{t_1} - A_3 A_4 \delta\pi_{t_1} \tag{2-64}$$

$$\delta T_t = \delta T_{t_1} - B_4 \delta\eta_{t_2} - B_3 B_4 \delta\pi_{t_2} \tag{2-65}$$

7. 动力涡轮功率方程

参照式(2－36)，有

$$\delta N_{\mathrm{B}} = \delta G_{\mathrm{B}_1} + \delta T_t + C_3 \delta\pi_{t_3} + \delta\eta_{t_3} + \delta\eta_{\mathrm{m}_3} + \delta q \tag{2-66}$$

8. 耗油率方程

$$\delta C_{\mathrm{e}} = \delta G_{\mathrm{T}} - \delta N_{\mathrm{B}} \tag{2-67}$$

将以上方程归纳如下(独立变量均置于等号右面)：

(1) $B_3 \delta\pi_{t_2} + \delta T_{t_1} = A_1 \delta\pi_{k_1} - \delta\eta_{k_1} - \delta\eta_{t_2} - \delta q$

(2) $\delta T_{k_1} - A_3 \delta\pi_{t_1} = \delta T_g + \delta\eta_{t_1} + \delta\eta_{k_2} - B_1 \delta\pi_{k_2} + \delta q - \delta q_1$

(3) $\delta\pi_{t_3} + \delta\pi_{t_2} + \delta\pi_{t_1} = \delta\pi_{k_1} + \delta\pi_{k_2} + \delta\sigma_v + \delta\sigma_g + \delta\sigma_d + \delta\sigma_c - \delta\pi_c$

(4) $\delta G_{\mathrm{T}} + (K_5 - 1)\delta T_k = \delta G_{\mathrm{B}_1} + K_5 \delta T_g - \delta\eta_g + \delta q$

(5) $\delta T_{k_1} = A_1 A_2 \delta\pi_{k_1} - A_2 \delta\eta_{k_1}$

(6) $\delta T_k = B_1 B_2 \delta\pi_{k_2} - B_2 \delta\eta_{k_2}$

(7) $\delta T_{t_1} + A_3 A_4 \delta\pi_{t_1} = \delta T_g - A_4 \delta\eta_{t_1}$

(8) $\delta T_t + B_3 B_4 \delta\pi_{t_2} - \delta T_{t_1} = -B_4 \delta\eta_{t_2}$

(9) $\delta N_{\mathrm{B}} - \delta T_t - C_3 \delta\pi_{t_3} = \delta G_{\mathrm{B}_1} + \delta\eta_{t_3} + \delta\eta_{\mathrm{m}_3} + \delta q$

(10) $\delta C_{\mathrm{e}} - \delta G_{\mathrm{T}} + \delta N_{\mathrm{B}} = 0$

共 10 个方程，有 10 个随变量：π_{t_1}、π_{t_2}、π_{t_3}、T_{k_1}、T_k、T_{t_1}、T_t、G_{T}、N_{B}、C_{e}。

有 17 个独立变量：π_{k_1}、π_{k_2}、π_c、η_{k_1}、η_{k_2}、η_{t_1}、η_{t_2}、η_g、η_{m_3}、σ_v、σ_g、σ_d、σ_c、G_{B_1}、T_g、q、q_1。

2.4　三轴燃气轮机实用性能分析表

现代的三轴舰船及工业燃气轮机通常是由双转子涡轮喷气发动机或涡轮风扇发动机派生的。航机改装的实际程序是：首先燃气发生器调试成功，然后连同动力涡轮进行整机试验。在研制过程中，为保证发动机达到预定的功率、油耗等指标以及在整个运行范围内无喘振工作，需要不断试验、调整。事实上，即使已定型的发动机，由于各环节的种种因素，也可能导致发动机的主要数据与技术要求有某种程度的不符而需要调整。因此，对一台已制造好的燃气发生器或整机讨论参数间的相互影响问题是很有意义的，如可分析燃气发生器或发动机参数发生偏离的原因，并判断如何按需要来修正发动机参数、调整匹配关系等。

用通常的方法来解决这一类问题往往是复杂的。本节运用工程小偏差计算法讨论船舶三轴燃气轮机的参数间相互影响，把发动机工作过程方程化为小偏差形式，把联系工作过程参数的复杂方程组的求解，化为联系参数与其原始值偏差量的线性方程组的求解，从而使计算大为简化。用所得的影响系数表来分析问题更简捷。在不知道某些部件的确切特性时（这在航机船用化的实践中是常遇到的），精确而复杂的求解方法也因原始数据不确切而不能充分发挥其优势，此时本节所述方法更显示出其特点。

2.4.1 矩阵表编制

矩阵表编制中有如下几点需要注意：

（1）小偏差法是使某种现象的关系式线性化的一种方法。因此，当把发动机的工作过程方程化为小偏差形式时，方程或未知数的数目都没有改变，方程组的可解性与原方程组相同。

（2）三轴船用燃气轮机燃气发生器的调节规律按如下三种规律讨论：

①n_2 = 常数；

②T_g = 常数；

③n_1 = 常数。

（3）航机改装的实际过程是先将燃气发生器调试完毕，在整机试验时，通常不再对燃气发生器的部件做大的改动，而是着重于研究动力涡轮与燃气发生器的匹配及整机的系统问题。本节首先给出在各种调节规律下燃气发生器的矩阵表，再进一步深入到高、低压涡轮的叶列讨论，以适应燃气发生器实际调试过程的需要。

（4）根据舰船及工业燃气轮机的特点，涡轮一级导向器喉部截面处的流动状态通常不接近临界，因而采用将工作过程小偏差方程与涡轮逐列小偏差方程相结合的方法，近似计入了导向器面积变化对无因次密流 $q(\lambda)$ 的影响，使讨论更接近于燃气轮机的实际使用情况。

（5）表 2 - 1 系按 n_2 调节的双转子燃气发生器的矩阵表。矩阵 $\boldsymbol{P}$ 是燃气发生器小偏差随变量特征参数的系数方阵；矩阵 $\boldsymbol{Q}$ 是燃气发生器小偏差独立变量特征参数的系数直角矩阵。各系数的计算式见附录 2。

在表 2 - 1 中，矩阵 $\boldsymbol{P}$ 中的 25 阶方阵和矩阵 $\boldsymbol{Q}$ 中的 25 × 16 阶矩阵用于高、低压涡轮均为单级的情况。

矩阵 $\boldsymbol{P}$ 中的 30 阶方阵和矩阵 $\boldsymbol{Q}$ 中的 30 × 18 阶矩阵用于高压涡轮为两级、低压涡轮为单级的情况。

矩阵 $\boldsymbol{P}$ 中的 35 阶方阵和矩阵 $\boldsymbol{Q}$ 中的 35 × 20 阶矩阵用于高、低压涡轮均为两级的情况。

矩阵 $\boldsymbol{P}$ 中的 15 阶方阵和矩阵 $\boldsymbol{Q}$ 中的 15 × 14 阶矩阵用于缺乏涡轮各级平均截面参数的场合。此时，计算结果的误差较大，主要表现在讨论导向器面积变化对燃气发生器参数的影响时。

当将矩阵 $\boldsymbol{P}$ 的第 15 列与矩阵 $\boldsymbol{Q}$ 的第 14 列互换，并将列中各系数反号时，即成按 n_1 调节的矩阵表。

当将矩阵 $\boldsymbol{P}$ 的第 10 列与矩阵 $\boldsymbol{Q}$ 的第 14 列互换，并将列中各系数反号时，即成按 T_g 调节的矩阵表。

(6)表 2 - 2 是按 n_2 调节的三轴燃气轮机的矩阵表。矩阵 $\boldsymbol{A}$ 是发动机小偏差随变量特征参数的系数方阵，矩阵 $\boldsymbol{B}$ 是发动机小偏差独立变量特征参数的系数直角矩阵。各系数的计算式见附录 2。

在整机的矩阵表中，矩阵 $\boldsymbol{A}$ 中的 23 阶方阵和矩阵 $\boldsymbol{B}$ 中的 23 × 19 阶矩阵用于动力涡轮为单级的情况。

矩阵 $\boldsymbol{A}$ 中的 28 阶方阵和矩阵 $\boldsymbol{B}$ 中的 28 × 21 阶矩阵用于动力涡轮为两级的情况。

矩阵 $\boldsymbol{A}$ 和矩阵 $\boldsymbol{B}$ 中的 18 阶方阵用于缺乏动力涡轮各级平均截面上详细参数的场合。此时，计算误差较大，主要表现在讨论动力涡轮导向面积变化对发动机参数的影响时。

当将矩阵 $\boldsymbol{A}$ 的第 18 列与矩阵 $\boldsymbol{B}$ 的第 18 列互换，并将列中各系数反号时，即成按 n_1 调节的矩阵表。

当将矩阵 $\boldsymbol{A}$ 的第 10 列与矩阵 $\boldsymbol{B}$ 的第 18 列互换，并将列中各系数反号时，即成按 T_g 调节的矩阵表。

(7)实际上，在上述矩阵表的基础上，可以写出按其他的调节规律或任意涡轮级数的矩阵表，但是本节所提出的矩阵表已概括了目前国内各种三轴船用燃气轮机的情况。

(8)方程系的矩阵形式为

$$\boldsymbol{P}X = \boldsymbol{Q}Y \quad \text{(燃气发生器)} \tag{2-68}$$

或

$$\boldsymbol{A}X = \boldsymbol{B}Y \quad \text{(整机)} \tag{2-69}$$

其中，$X = \{x_1, x_2, \cdots, x_u\}$（$x$ 为随变量）；$Y = \{y_1, y_2, \cdots, y_m\}$（$y$ 为独立变量）；$\boldsymbol{P} = (P_{ij})$；$\boldsymbol{A} = (Q_{ij})(i, j = 1, 2, \cdots, n)$；$\boldsymbol{Q} = (q_{ik})$；$\boldsymbol{B} = (b_{ik})(k = 1, 2, \cdots, m)$。

按 n_2 调节时独立变量有：$\delta\sigma_v$、$\delta\sigma_1$、$\delta\sigma_g$、$\delta\sigma_d$、$\delta\sigma_c$、δF_1、δF_2、δF_3、δF_4、$\delta F'_1$、$\delta F'_2$、$\delta F'_3$、$\delta F'_4$、$\delta F''_1$、$\delta F''_2$、$\delta F''_3$、$\delta F''_4$、δF_c、δQ、δQ_1、$\delta\eta_{k_1}$、$\delta\eta_{k_2}$、$\delta\eta_{t_1}$、$\delta\eta_{t_2}$、$\delta\eta_{t_3}$、$\delta\eta_{m_3}$、δn_2、δT_v。

随变量有：$\delta\pi_{k_1}$、$\delta\pi_{k_2}$、$\delta\pi_{t_1}$、$\delta\pi_{t_2}$、$\delta\pi_\Sigma$、$\delta\pi_{t_3}$、$\delta\pi_c$、$\delta\pi_{1T}$、$\delta\pi_{2T}$、$\delta\pi'_{1T}$、$\delta\pi'_{2T}$、$\delta\pi''_{1T}$、$\delta\pi''_{2T}$、$\delta\pi_1$、$\delta\pi_2$、$\delta\pi_3$、$\delta\pi_4$、$\delta\pi'_1$、$\delta\pi'_2$、$\delta\pi'_3$、$\delta\pi'_4$、$\delta\pi''_1$、$\delta\pi''_2$、$\delta\pi''_3$、$\delta\pi''_4$、δT_{k_1}、δT_{k_2}、δT_g、δT_{t_1}、δT_t、δT_N、δq_1、δq_2、δq_3、δq_4、$\delta q'_1$、$\delta q'_2$、$\delta q'_3$、$\delta q'_4$、$\delta q''_1$、$\delta q''_2$、$\delta q''_3$、$\delta q''_4$、δG_{B_1}、δG_T、δR、δN_B、δC_e、δn_1。

用标准程序求解，所得的结果即为影响系数，它表示在某一独立变量发生变化时（而其余的独立变量是不变的）所引起的随变量的变化倍数。

表 2－1 双转子燃气发生器矩阵表(定型,按 n_2 调节)

矩阵 $\boldsymbol{P}$

	1	2	3	4	5	6	7	8	9	10	11	12	13	14	15
1	-1	-1	1	1	1										
2	A_2			$-B_3$					-1						A_n
3		B_2	$-A_3$			$1-\frac{B_n}{2}$				-1					
4	$-A_{10}$										1				$-A_m$
5	$A_{10}-1$	-1								$\frac{1}{2}$					A_m
6	$A_{10}-1$	$-B_{10}$				$\frac{1+B_m}{2}$									A_m
7			$1-\frac{A_3A_4}{2}$												
8				$1-\frac{B_3B_4}{2}$	$-K_6'$										
9	$-A_2A_L$					1									$-A_2A_m$
10		$-B_2B_4$				$\frac{B_2B_n}{2}-1$	1								
11			A_3A_4						1	-1					
12				B_3B_4				1	-1						
13							K_5-1			$-K_5$	-1	1			
14					$-K_7K_8$								1		
15												-1	1	1	
16			1												
17															
18															
19															
20															
21				1											
22															
23															
24															
25															
26															
27															
28															
29															
30															
31															
32															
33															
34															
35															
	π_{k_1}	π_{k_2}	π_{t_1}	π_{t_2}	π_c	T_{k_1}	T_k	T_t	T_{t_1}	T_g	G_B	G_T	R	C_e	n_1

表 2－1(续 1)

矩阵 $\boldsymbol{P}$

	16	17	18	19	20	21	22	23	24	25	26	27	28	29	30	31	32	33	34	35
1																				
2																				
3																				
4																				
5							-1													
6																				
7							1		-1											
8									1											
9																				
10																				
11																				
12																				
13																				
14																				
15																				
16		-1	-1									-1	-1							
17		$1+b_1-Z_1$	$-b_2$																	
1	1	-1	-1																	
19		$-b_1$					1													
20			$-b_2$					1												
21					-1	-1											-1	-1		
22					$1+b_1'-Z_1'$	$-b_2'$														
23				1	-1	-1														
24					$-b_1'$				1											
25						$-b_2'$				1										
26			$1+b_2-Z_2$									$-b_3$								
27												$1+b_3-Z_3$	$-b_4$							
28											1	-1	-1							
29												$-b_3$		1						
30													$-b_4$		1					
31						$1+b_2'-Z_2'$											$-b_3'$			
32																	$1+b_3'-Z_3'$	$-b_4'$		
33																	1	-1	-1	
34																		$-b_3'$		1
35																		$-b_4'$		1
	π_n	π_1	π_2	π_{1T}'	π_1'	π_2'	q_1	q_2	q_1'	q_2'	π_{2T}	π_3	π_4	q_3	q_4	π_{2T}'	π_3'	π_4'	q_3'	q_4'

表 2-1(续 2)

矩阵 $\boldsymbol{Q}$

	1	2	3	4	5	6	7	8	9	10	11	12	13	14	15	16	17	18	19	20
1	1	1	1	1																
2								1				1								
3						1	1					1	-1	$-B_n$						
4	1																			
5		1	1						1			-1								
6		1											-1	B_m						
7							$0.5A_4$		-1	1										
8				1				$0.5B_4$		-1	-1									
9					$-A_2$															
10						$-B_2$								B_2B_n						
11							$-A_4$													
12								$-B_4$												
13												1								
14											1									
15																				
16																				
17									-1						1					
18																				
19																				
20																				
21																				
22										-1						1				
23																				
24																				
25																				
26															-1		1			
27																	-1	1		
28																				
29																				
30																				
31																-1			1	
32																			-1	1
33																				
34																				
35																				
	δ_v	δ_1	δ_t	δ_c	η_{k_1}	η_{k_2}	η_{t_2}	η_{t_2}	F_1	F_1'	F_c	Q	Q_1	n_2	F_2	F_2'	F_3	F_4	F_3'	F_4'

注:空格均为“0”。

表 2-2　三轴燃气轮机矩阵表（定型，按 n_2 调节）

矩阵 $\boldsymbol{A}$

	1	2	3	4	5	6	7	8	9	10	11	12	13	14	15
1	1	-1	-1	1	1										
2		A_2			$-B_3$						-1				
3			B_2	$-A_3$				$1-\frac{B_n}{2}$		-1					
4		$-A_{10}$												1	
5		$A_{10}-1$	-1							$\frac{1}{2}$					
6		$A_{10}-1$	$-B_{10}$					$\frac{1+B_m}{2}$							
7				$1-\frac{1}{2}A_3A_4$											
8					1						$-\frac{1}{2}$	$\frac{1}{2}$			
9		$-A_2A_L$						1							
10			$-B_2B_L$					$-\left(1-\frac{B_2B_n}{2}\right)$	1						
11				A_3A_4						-1	1				
12					B_2B_4						-1	1			
13									K_5-1	$-K_5$				-1	1
14	-1					1	1								
15	$-C_zK'_6$					1									
16						$-C_3$						-1		-1	
17															-1
18						C_3C_4						-1	1		
19						1									
20															
21															
22															
23															
24															
25															
26															
27															
28															
	π_Z	π_{k_1}	π_{k_2}	π_{t_1}	π_{t_2}	π_{t_3}	π_c	T_{k_1}	T_k	T_g	T_{t_1}	T_t	T_h	G_B	G_T

表 2－2(续 1)

矩阵 $\boldsymbol{A}$

	16	17	18	19	20	21	22	23	24	25	26	27	28
1													
2			A_n										
3													
4			$-A_m$										
5			A_m										
6			A_m										
7													
8							-1						
9			$-A_2A_n$										
10													
11													
12													
13													
14													
15							C_z						
16	1												
17	1	1											
18													
19					-1	-1				-1	-1		
20				1	-1	-1							
21					$-b_1''$		1						
22						$-b_2''$		1					
23					$1+b_1''-Z_1''$	$-b_2''$							
24									1	-1	-1		
25										$-b_3''$		1	
26											$-b_4''$		1
27						$1+b_2''-Z_2''$				$-b_3''$			
28										$1+b_2''-Z_3''$	$-b_4''$		
	N_{B}	C_{e}	n_1	$\pi_{1\mathrm{T}}''$	π_1''	π_2''	q_1''	q_2''	π_t''	π_3''	π_4''	q_3''	q_4''

表 2－2(续 2)

矩阵 $\boldsymbol{B}$

	1	2	3	4	5	6	7	8	9	10	11	12	13	14	15	16	17	18	19	20	21
1	1	1	1	1																	
2						1			1						1		$-\left(1-\frac{A_n}{2}\right)$				
3							1	1							1	-1		$-B_n$			
4	1																$-\frac{1+A_m}{2}$				
5		1	1									1			-1						
6		1														-1	$\frac{1+A_m}{2}$	B_m			
7								$\frac{A_4}{2}$				-1	1								
8				1									-1	1							
9						$-A_2$											$1-\frac{A_2A_n}{2}$				
10							$-B_2$										B_2B_n				
11								$-A_4$													
12									$-B_4$												
13															1						
14					1																
15					$C_z(1+K_6')$					$0.5C_4C_z$				$-C_z$							
16										1	1				1						
17																					
18										$-C_4$											
19																					
20																					
21																					
22																					
23														-1					1		
24																					
25																					
26																					
27																			-1	1	
28																				-1	1
	δ_v	δ_1	δ_g	δ_d	δ_c	η_{k_1}	η_{k_2}	η_{t_1}	η_{t_2}	η_{t_3}	η_m	F_1	F_1'	F_1''	Q	Q_1	T_v	n_2	F_2''	F_3''	F_4''

注:表中空格均为“0”。

2.4.2 应用

下面简列工程上经常遇到的一些主要应用情况。

(1)燃气轮机装置进、排气道总压损失偏离额定值对发动机性能的影响。

(2)高、低压压气机间连接通道、中间扩压器总压损失偏离额定值对发动机性能的影响。

(3)涡轮中任何一级导向器喉面积变化对发动机性能的影响。

(4)涡轮任一叶列中喉部面积变化引起的 $q(\lambda)$ 及膨胀比的变化。

(5)涡轮效率偏离额定值对发动机性能的影响。

(6)燃烧室的总压损失偏离额定值对发动机性能的影响。

(7)压气机效率变化(指效率的独立增量,若效率只因工作点沿特性线移动而发生变化,则 $\delta\eta_k=0$,此时效率的变化已在公式内考虑了)对发动机性能的影响。

(8)大气温度对发动机性能的影响。

(10)作为独立变量的发动机转速变化对发动机性能的影响。

综上,三轴燃气轮机实用性能分析表可对发动机性能进行分析、调整、匹配,还可根据实际所要解决的问题进行延伸、扩展。当讨论多因素的影响时,可将各单因素的影响系数叠加。

由于小偏差法是一种线性化处理的近似方法,其应用范围会受到限制。独立变量偏差量范围应不大于10%,这个范围对大多数的实际工程问题已足够了。然而,应该指出,当讨论作为独立变量的转速 n 和大气温度 T_v 的影响时,由于它们对功率等项的影响系数的绝对值要比其他场合大得多,因此其误差也将随之增大,适宜的讨论范围是折合转速的改变量在3%以下。

2.4.3 结论

用所述的近似方法来讨论燃气轮机参数间相互影响问题具有计算简便、结果简明的优点。所得影响系数表有助于理解发动机各截面参数变化过程。借助此表,常可对一些工程问题做出快速反应,尤其是在仅需确定量级而不要求其精确值的场合。该性能分析表对于航机改装的燃气发生器及燃气轮机的总体分析及调试甚为有益。

第 3 章　试 验 验 证

3.1 试验装置及过程

在一台大功率燃气轮机上进行了动力涡轮导向器面积调整对发动机性能影响的试验研究。试验装置包括燃气轮机、减速器、测功器。试验装置的示意图如图 3－1 所示。双级的高压涡轮带动压气机，动力涡轮为单级，高压涡轮与动力涡轮间有一中间扩压器，动力涡轮转子经输出轴与减速器相连，减速器的输出端与水力测功器连接。

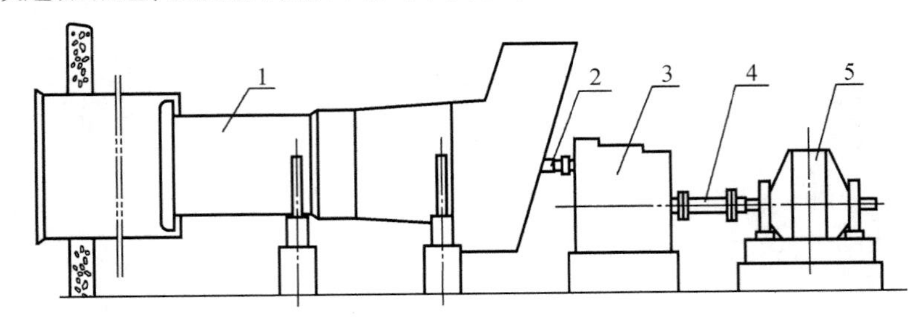

1—试验燃气轮机；2—动力涡轮输出轴；3—减速器；4—减速的输出轴；5—水力测功器。

图 3－1　试验装置示意图

动力涡轮导向器面积的变动是用偏心衬套实现的（图 3－2）。导叶精铸而成，上下均带有绝缘板。绝缘板上有两个螺孔，通过机上的孔拧入上绝缘板前螺孔的定位螺钉与插入内气封环上的下绝缘板短轴构成了旋转轴线。当后端孔上装入偏心衬套时，转动偏心衬套即可使偏心距分别处于两个极端位置，分别获得最大和最小面积。但限于结构，面积的最大改变量仅 4%。

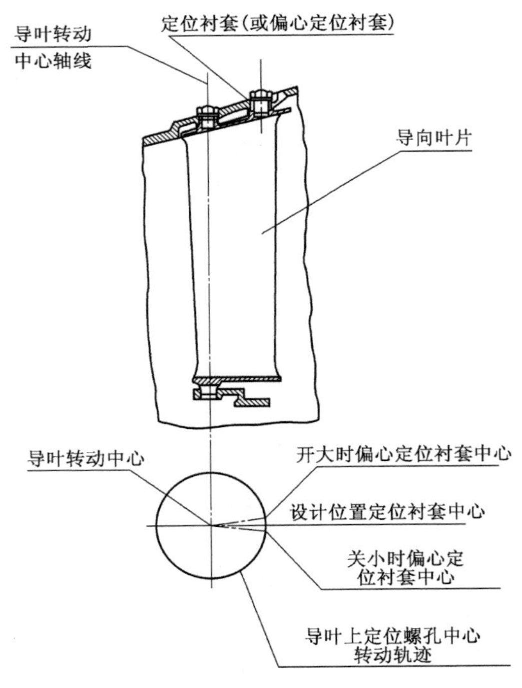

图 3－2　导向器面积调整机构

发动机的各测量截面及各测量截面上的测点布置如图 3－3 所示，图中各截面说明见表 3－1。功率测量用电子秤，燃油耗量用容积法计量。动力涡轮级间的根部静压测压孔位于中间扩压器后的隔热屏上。

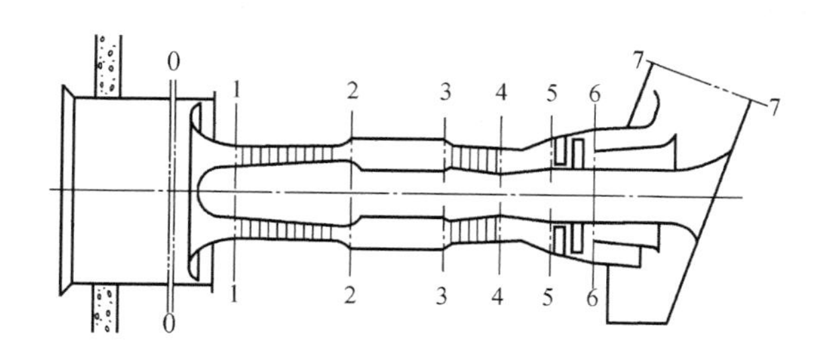

图 3－3　测点布置图

表 3－1　图 3－5 说明

序号	截面	位置名称	外壁静压	总压总数	总温点数	备注
0	0—0	稳流室			7	1 支 0.1 ℃汞温度计 6 支铂电阻温度计
1	1—1	进口导叶前	4	2×5		
2	2—2	压气机出口	4	1×5	4×5	
3	3—3	高压涡轮进口				
4	4—4	高压涡轮输出口				
5	5—5	低压涡轮进口	4	4×5	4×8	
6	6—6	低压涡轮输出口	5	4×5	4×7	
7	7—7	排气管出口	4			

试验分别在导向器处于额定位置、开大 2%、关小 2% 三种状态下进行。每种状态下，在 35%～100% 的功率范围内进行了测量，这时动力涡轮的转速以两种方式变化：一种是控制动力涡轮的转速按螺旋桨的功率－转速特性变化；另一种是在燃气发生器转速保持不变的情况下广泛变动动力涡轮的转速，以此获得燃气轮机的外特性。

由于导向器面积改变量较小的特点，为减少测量误差，在整个测试过程中测试系统不做任何更改，发动机上除动力涡轮导向器面积变化外也无其他变动。

3.2　试验结果分析

试验结果已整理成图线，包括动力涡轮导向器面积变化对流量、压比、涡轮膨胀比、燃气初温、发动机功率、耗油率、动力涡轮级间根部静压以及发动机外特性的影响曲线。

导向器喉部面积变化影响通流参数。当动力涡轮导向器喉部面积增大时流量增加（图

3－4),压比则减小(图 3－5)。这时由于高压涡轮的膨胀比增大(图 3－6),为保持折合转速不变、所需的燃气初温降低(图 3－7),而动力涡轮的膨胀比又因导向器面积增大而减小(图 3－6),最终导致的结果是功率下降、油耗增加(图 3－8)。

在动力涡轮导向器面积增大的同时,导向器的膨胀比下降,级的反动度增加,因而所测得的动力涡轮级间根部静压值增加(图 3－9)。

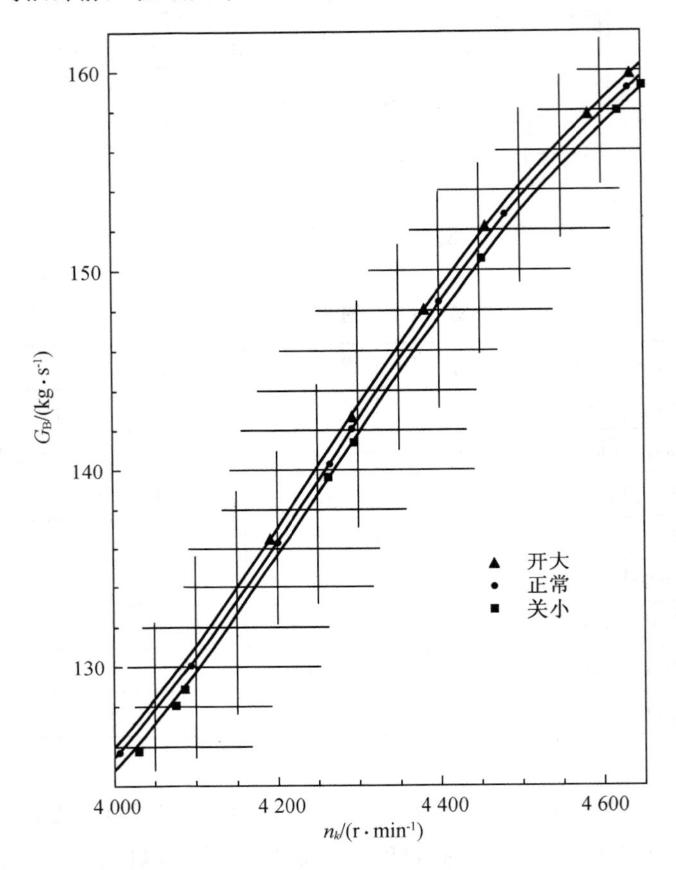

图 3－4 $F'_{c,a}$变化对空气流量的影响曲线

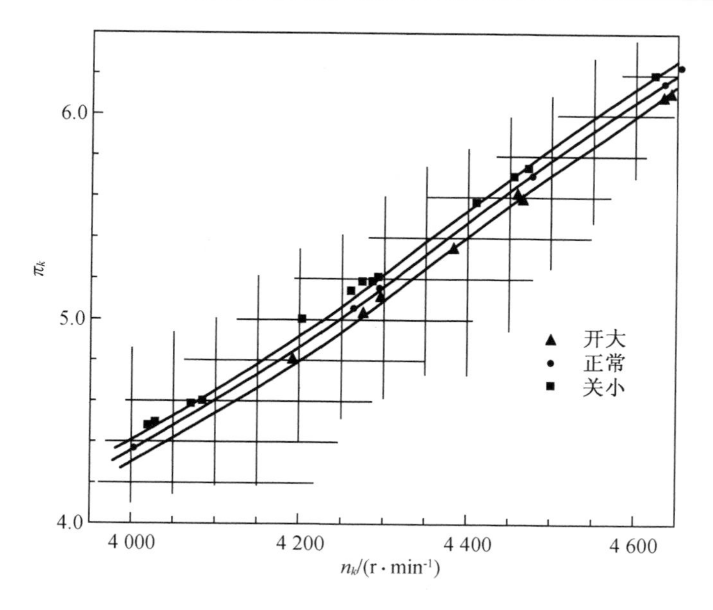

图 3-5 $F'_{c,a}$变化对压比的影响曲线

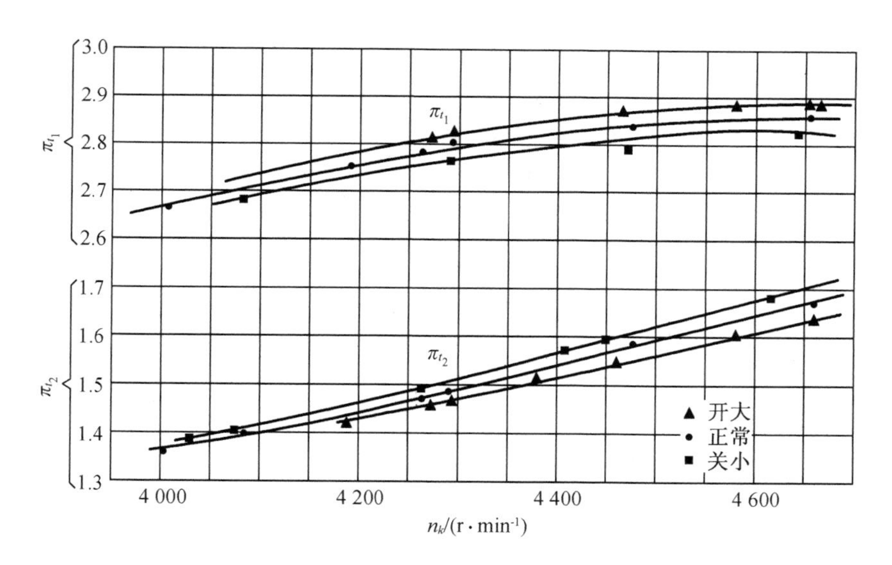

图 3-6 $F'_{c,a}$变化对高压及动力涡轮膨胀比的影响曲线

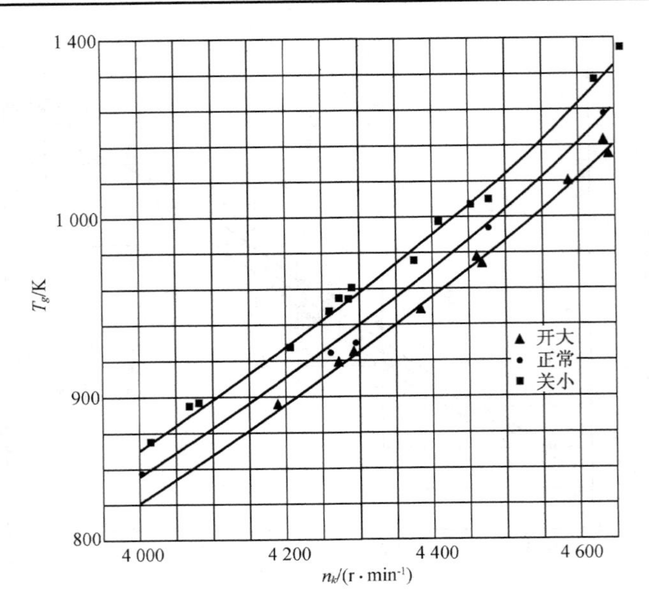

图 3-7 $F'_{c,a}$变化对燃气初温的影响曲线

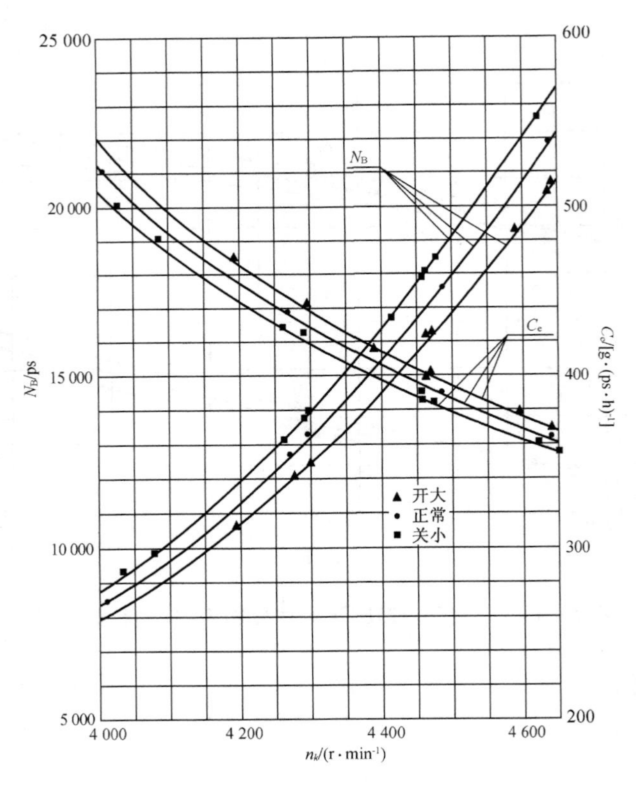

图 3-8 $F'_{c,a}$变化对机组功率、耗油率的影响

注：1 ps（米制马力）=735.498 75 W。

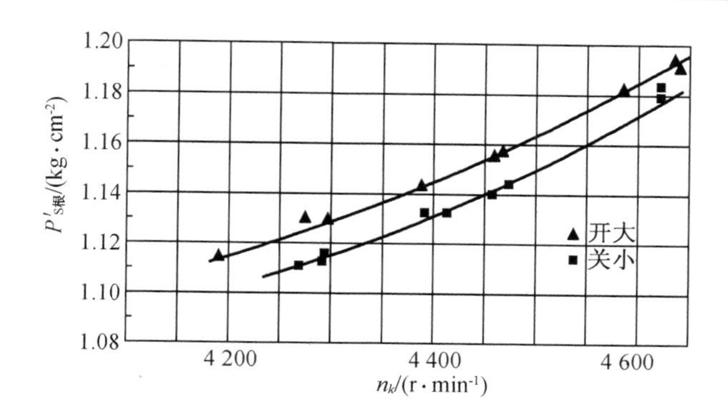

图 3－9　$F'_{c,a}$变化对级间根部静压的影响曲线

当动力涡轮导向器面积减小时上述情况向相反方向变化。

在导叶转动的同时涡轮效率发生变化，由于试验中面积变化仅为 ±2%，效率变化甚微（仅约 0.1%），只能从动力涡轮特性图（图 3－10）上来观察导叶转动前后效率网线的变动趋势。

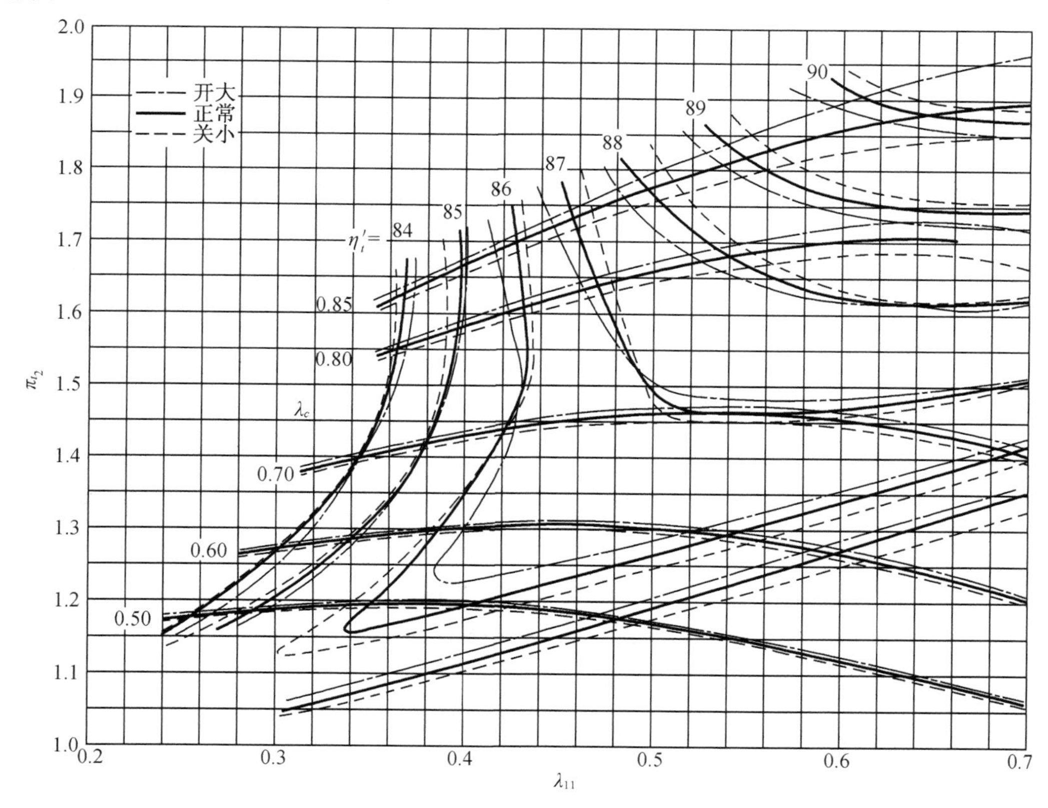

图 3－10　$F'_{c,a}$变化时动力涡轮特性图的变化（计算）曲线

根据试验结果整理的影响系数列于表 3－2，同一表中还列入了作为试验装置的燃气轮

机设计点的影响系数计算结果。作为对比还列入了把动力涡轮导向器看作临界喷口时的计算结果,可以看出,本计算结果与试验值大为接近。从表3-2中可看出,使计算结果得到改进的主要因素是高压涡轮及动力涡轮的膨胀比因动力涡轮面积变化引起的改变量考虑得精确了,计入了导向器面积变化时$q(\lambda'_{c,a})$也随之变化(在亚临界状态下),从而部分地消减了面积变化影响能力的因素。试验装置中的动力涡轮导向器平均截面上的λ_{1c}设计值为0.85。

表3-2 $F'_{c,a}$改变1%时的影响系数表

项目名称	数据来源		
	试验结果	本书计算结果	按方法2计算结果
压气机压比	-0.48	-0.31	-0.50
燃气初温	-1.05	-0.65	-1.24
高压涡轮膨胀比	0.59	0.54	1.12
动力涡轮膨胀比	-1.01	-0.84	-1.59
功率	-2.89	-2.22	-4.27
耗油率	0.83	1.08	2.03

转动动力涡轮导向器前后试验燃气轮机的外特性变化如图3-11所示。可以看到,开大动力涡轮导向器面积时,一方面输出功率下降,另一方面$n_k = \text{const}$下功率-转速线的峰值点向左移动。这是因为导叶开大时,若动力涡轮转速不变,则动叶入口气流角向负冲角增大方向变化,相应于最高涡轮效率的最大功率点处于更低的动力涡轮转速下。关小动力涡轮导向器面积时,动叶入口气流角向正冲角增大方向变化,因而外特性的功率峰值点向右移动。

虽限于结构因素,仅能进行动力涡轮导向器面积有限变动的试验验证,但本书所述方法可以讨论涡轮任一叶列面积变化对燃气轮机性能的影响。表3-3列出了试验燃气轮机的高压涡轮一级导向器、二级导向器、动力涡轮导向器面积分别改变1%时对发动机性能影响的计算结果。诚如周知,各级导向器面积的影响能力及方向是不同的。例如,动力涡轮导向器面积对发动机功率、耗油率的影响较大,但在减小动力涡轮导向器面积使功率增大、耗油率降低的同时,燃气初温上升,工作点向压气机喘振边界方向移动。高压涡轮导向器面积对功率、耗油率的影响虽较前者小,但在增大高压涡轮导向器面积使功率增大、耗油率降低的同时,工作点向远离压气机喘振边界方向移动,但亦受到燃气初温增加的限制。因此,在做性能调整时,可视对功率、耗油率、燃气初温、喘振裕度和部件工作寿命等诸因素的要求而加以综合利用。

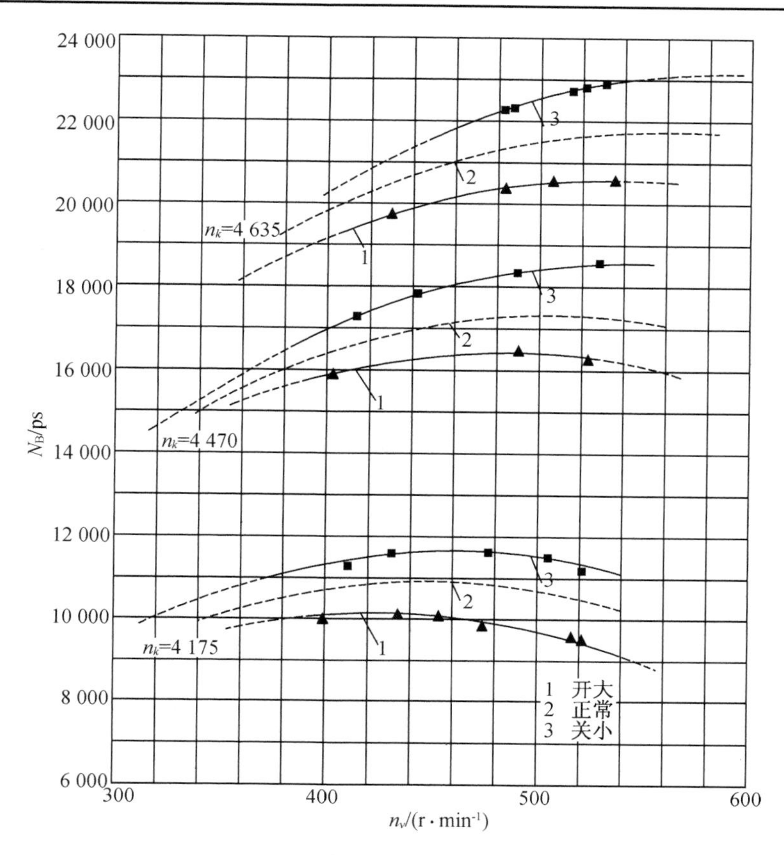

图3-11 $F'_{c,a}$变化时燃气轮机外特性图的变化曲线

表3-3 试验燃气轮机导向器面积和动力涡轮效率的影响系数表(设计点)

项目	$\delta F_{c,a}$	δF_3	$\delta F'_{c,a}$	$\delta \eta_{t_2}$
$\delta\pi_{t_1}$	-0.176	-0.331	0.544	0.000 6
$\delta\pi_k$	-0.105	0.197	-0.309	-0.000 3
$\delta\pi_\Sigma$	0.071	0.134	-0.854	-0.000 9
$\delta\pi_{t_2}$	0.067	0.185	-0.841	0.002 6
$\delta\pi_c$	0.005	0.009	-0.013	-0.003 5
$\delta\pi_1$	-0.486	0.189	0.038	0.000 0
$\delta\pi_2$	0.030	0.249	0.050	0.000 1
$\delta\pi_3$	0.128	-0.725	0.210	0.000 2
$\delta\pi_4$	0.151	-0.043	0.247	0.000 3
$\delta\pi'_1$	0.023	0.044	-0.724	0.000 9
$\delta\pi'_2$	0.043	0.081	-0.117	0.001 7
$\delta\pi_{1T}$	-0.455	0.437	0.087	0.000 1

表 3 - 3(续)

项目	$\delta F_{c,a}$	δF_3	$\delta F'_{c,a}$	$\delta \eta_{t_2}$
$\delta \pi_{2T}$	0. 279	-0. 768	0. 457	0. 005 0
δT_k	-0. 030	-0. 056	-0. 087	-0. 000 1
δT_v	0. 080	0. 151	-0. 646	-0. 000 7
δT_g	0. 119	0. 223	-0. 764	-0. 000 8
δT_h	0. 104	0. 196	-0. 582	-0. 119 8
$\delta q(\lambda_{c,a})$	-0. 828	0. 322	0. 064	0. 000 1
$\delta q(\lambda_2)$	0. 045	0. 371	0. 074	0. 000 1
$\delta q(\lambda_3)$	0. 072	-0. 0408	0. 118	0. 000 1
$\delta q(\lambda_4)$	0. 187	-0. 053	0. 306	0. 000 3
$\delta q(\lambda'_{c,a})$	0. 014	0. 027	-0. 451	0. 000 6
$\delta q(\lambda'_2)$	0. 035	0. 066	-0. 095	0. 001 4
δG_B	0. 026	0. 049	0. 077	0. 000 1
δG_T	0. 219	0. 411	-0. 011	-0. 001 2
δG_e	-0. 048	-0. 089	1. 083	-1. 005 2
δN_B	0. 267	0. 500	-2. 220	1. 004 0

从表 3 - 3 中亦可看出,导向器面积变动时对面积变动的本列、本级的膨胀比影响最大,前级次之。面积变动对 $q(\lambda)$ 的影响量级也正说明了讨论导向器面积变动时应当计入 $q(\lambda)$ 变化的影响。

在导向器面积变动量较大时,应计入由此而引起的涡轮效率变化的影响。计算方法中已同时提供了涡轮效率变化时的影响系数计算。作为例子,在表 3 - 3 中列入了计算得出的试验燃气轮机动力涡轮效率变化的影响系数。此时,面积变动的影响量应当和由导叶转角引起的效率变化的影响量叠加作为最终的影响值来加以讨论。

3.3 结　　论

在燃气轮机的设计和调试实践中,改变涡轮导向器面积常常是一种有效的手段。

本章采用小偏差法来讨论双轴燃气轮机(包含动力涡轮)中任一级涡轮导向器面积变化对燃气轮机性能的影响。在一台燃气轮机上进行的试验结果表明,所述方法改善了计算结果的精度,可在发动机的调整工作中加以采用。这种工程小偏差法计算简便,易于做一般分析,适于工程使用;方法的一般适用范围是导向器面积改变量不超过 10% ~15% 。

尽管限于结构因素试验是局部的,但由于测量工作进行得较为系统,已基本展示了动力涡轮导向器面积变化对发动机性能影响的全貌。

附　　录

附录1 表1－1、表1－2中各系数计算公式

$$K_1=\frac{\frac{K-1}{K}\pi_k^{\frac{K-1}{K}}}{(\pi_k^{\frac{K-1}{K}}-1)}$$

$$K_2=\frac{T_3-T_1}{T_2}$$

$$K_3=\frac{K-1}{K(\pi_{t_1}^{\frac{K-1}{K}}-1)}$$

$$K_4=\frac{T_3-T_4}{T_4}$$

$$K_5=\frac{T_3}{T_3-T_2}$$

$$K_6'=\left[\frac{K-1}{2K(\pi_c^{\frac{K-1}{K}}-1)}\right]-\frac{1}{K}$$

$$K_{10}=\frac{\Delta\overline{G}_{\mathrm{B}}\cdot\pi_{k_0}}{\overline{G}_{\mathrm{B}_0}\cdot\Delta\pi_k}$$

$$K_{11}=\frac{\Delta\eta_k\cdot\pi_{k_0}}{\eta_{k_0}\cdot\Delta\pi_{k_0}}$$

$$B_3=\frac{K-1}{K(\pi_{t_2}^{\frac{K-1}{K}}-1)}$$

$$B_4=\frac{T_5-T_6}{T_6}$$

$$A_z=\frac{1}{\left(1-\frac{1}{2}B_3B_4+K_6'\right)}$$

$$K_3'=\frac{K-1}{K(\pi_{1\mathrm{T}}^{\frac{K-1}{K}}-1)}$$

$K_4'=\dfrac{T_3-T_{3,2}}{T_{3,2}}$，其中 $T_{3,2}$ 表示高压涡轮第一级出口的滞止温度

$$B_3'=\frac{K-1}{K(\pi_{1\mathrm{T}}^{\frac{K-1}{K}}-1)}$$

$B_4'=\dfrac{T_5-T_{5,2}}{T_{5,2}}$，其中 $T_{5,2}$ 表示高压动力涡轮第一级出口的滞止温度

$b_i=Q\cdot K_{6i}\quad(i=1,2,3,4)$

$$i\text{ 为奇数时},a_i=\left[1-\frac{\lambda_{\omega_i}^2}{\lambda_{c_i}^2}\cdot\frac{1}{1-\dfrac{\tan(\beta_i-\alpha_i)}{\tan\beta_i}}\right]^{-1},\quad K_{6i}=\frac{K+1}{2K}\left(\frac{1}{\lambda_{c_i}^2}-1\right)$$

$$i\text{ 为偶数时},a_i=\left[1-\frac{\lambda_{c_i}^2}{\lambda_{\omega_i}^2}\cdot\frac{1}{1-\dfrac{\tan(\alpha_i-\beta_i)}{\tan\alpha_i}}\right]^{-1},\quad K_{6i}=\frac{K+1}{2K}\left(\frac{1}{\lambda_{\omega_i}^2}-1\right)$$

$b_i'=a_i'\cdot K_{6i}'\quad(i=1,2,3,4)$

$$i\text{ 为奇数时},a_i'=\left[1-\frac{\lambda_{\omega_i}^{2\prime}}{\lambda_{c_i}^{2\prime}}\cdot\frac{1}{1-\dfrac{\tan(\beta_i'-\alpha_i')}{\tan\beta_i'}}\right]^{-1},\quad K_{6i}'=\frac{K+1}{2K}\left(\frac{1}{\lambda_{c_i}^{2\prime}}-1\right)$$

$$i\text{ 为偶数时},a_i'=\left[1-\frac{\lambda_{c_i}^{2\prime}}{\lambda_{\omega_i}^{2\prime}}\cdot\frac{1}{1-\dfrac{\tan(\alpha_i'-\beta_i')}{\tan\alpha_i'}}\right]^{-1},\quad K_{6i}'=\frac{K+1}{2K}\left(\frac{1}{\lambda_{\omega_i}^{2\prime}}-1\right)$$

$Z_i\approx Z_i'\approx 0.11$

附录2　表2-1、表2-2中各系数计算公式

$$A_1=\frac{0.286\pi_{k_1}^{0.286}}{\pi_{k_1}^{0.286}-1}\qquad B_1=\frac{0.286\pi_{k_2}^{0.286}}{\pi_{k_2}^{0.286}-1}$$

$$A_2=\frac{T_{k_1}-T_v}{T_{k_1}}\qquad B_2=\frac{T_k-T_{k_1}}{T_k}$$

$$A_3=\frac{0.25}{\pi_{t_1}^{0.25}-1}\qquad B_3=\frac{0.25}{\pi_{t_2}^{0.25}-1}\qquad C_3=\frac{0.25}{\pi_{t_3}^{0.25}-1}$$

$$A_4=\frac{T_t-T_{t_1}}{T_{t_1}}\qquad B_4=\frac{T_{t_1}-T_t}{T_t}\qquad C_4=\frac{T_t-T_h}{T_h}$$

$$K_5=\frac{T_g}{T_g-T_k}$$

$$K_6'=\frac{0.125}{\pi_c^{0.25}-1}-0.75\qquad(\text{当 }\pi_c\geqslant 1.85,K_6'=0)$$

$$K_7=\frac{f(\lambda_c)\pi_c}{f(\lambda_c)\pi_c-1}\qquad(\text{当 }\pi_c\geqslant 1.85,f(\lambda_c)=1.26)$$

$$K_8=\frac{1}{4-3.5\pi_c^{-0.25}}\qquad(\text{当 }\pi_c\geqslant 1.85,K_8=1)$$

$$A_{10}=\frac{\Delta\overline{G}_{B_1}\pi_{k_{10}}}{\overline{G}_{B_{10}}\Delta\pi_{k_1}}\qquad B_{10}=\frac{\Delta\overline{G}_{B_2}\pi_{k_{20}}}{\overline{G}_{B_{20}}\Delta\pi_{k_2}}\qquad(\text{沿等折合转速线})$$

$$A_{11}=\frac{\Delta\eta_{k_1}\pi_{k_{10}}}{\eta_{k_{10}}\Delta\pi_{k_1}}\qquad B_{11}=\frac{\Delta\eta_{k_2}\pi_{k_{20}}}{\eta_{k_{20}}\Delta\pi_{k_2}}\qquad(\text{沿等折合转速线})$$

$$A'_{11}=\frac{\Delta\eta_{k_1}\pi_{k_{10}}}{\eta_{k_{10}}\Delta\pi_{k_1}}\qquad B'_{11}=\frac{\Delta\eta_{k_2}\pi_{k_{20}}}{\eta_{k_{20}}\Delta\pi_{k_2}}\qquad \text{（沿共同工作线）}$$

$$A'_{12}=\frac{\Delta\pi_{k_1}\bar{n}_{10}}{\pi_{k_{10}}\Delta\bar{n}_1}\qquad B'_{12}=\frac{\Delta\pi_{k_2}\bar{n}_{20}}{\pi_{k_{20}}\Delta\bar{n}_2}\qquad \text{（沿共同工作线）}$$

$$A_L=A_1-A_{11}\qquad B_L=B_1-B_{11}$$

$$A_m=\left(1+\frac{1}{2}A'_{11}-\frac{1}{2}A_1-A_{10}\right)A_{12}\qquad B_m=\left(1+\frac{1}{2}B'_{11}-\frac{1}{2}B_1-B_{10}\right)B_{12}$$

$$A_n=(A_{11}-A'_{11})A_{12}\qquad B_n=(B_{11}-B'_{11})B_{12}$$

$$C_z=\frac{1}{1-\frac{1}{2}C_3C_4+K'_6}$$

$$K^j_{6i}\quad (j=\text{“ ”},\text{“}'\text{”},\text{“}''\text{”};i=1,2,3,4)\begin{cases} i=\text{奇数}\quad K^j_{6i}=\dfrac{K+1}{2K}\left(\dfrac{1}{\lambda^2_{c_i}}-1\right)\\ i=\text{偶数}\quad K^j_{6i}=\dfrac{K+1}{2K}\left(\dfrac{1}{\lambda^2_{\omega_i}}-1\right)\end{cases}$$

$$\alpha^j_i\quad (j=\text{“ ”},\text{“}'\text{”},\text{“}''\text{”};i=1,2,3,4)\begin{cases} i=\text{奇数}\quad \alpha^j_i=\left[1-\dfrac{\lambda^{2j}_{\omega_i}}{\lambda^{2j}_{c_i}}\cdot\dfrac{1}{1-\dfrac{\tan(\beta^j_i-\alpha^j_i)}{\tan\beta^j_i}}\right]^{-1}\\ i=\text{偶数}\quad \alpha^j_i=\left[1-\dfrac{\lambda^{2j}_{c_i}}{\lambda^{2j}_{\omega_i}}\cdot\dfrac{1}{1-\dfrac{\tan(\alpha^j_i-\beta^j_i)}{\tan\alpha^j_i}}\right]^{-1}\end{cases}$$

$$b^j_i=\alpha^j_i\cdot K^j_{6i}\quad (j=\text{“ ”},\text{“}'\text{”},\text{“}''\text{”};i=1,2,3,4)$$

$$Z^j_i\approx 0.11\quad (j=\text{“ ”},\text{“}'\text{”},\text{“}''\text{”};i=1,2,3,4)$$

附录3　定型发动机矩阵

（变折合转速）

矩阵 P

	1	2	3	4	5	6	7	8	9	10	11	12	13
1	K_3	$K'_{11}-K_1$				1							
2	1	-1	1										
3	$1-\frac{K_3K_4}{2}$										$-b'_1$		
4		-1		1		$\frac{1}{2}$							
5		$K_2(K'_{11}-K_3)$			1								
6		1											
7	K_3K_4					-1	1						
8				-1	K_5-1	$-K_5$		1					
9			-1						1	1			
10			$-A_zK'_6$						1		$A_zb'_1$		
11									$*\ -b'_2N'_2$		1		
12				-1			-1		$-K_3$				1
13								-1				1	1
	π_{t_1}	π_k	π_Σ	G_B	T_k	T_g	T_t	G_T	π_{t_2}	π_c	π'_1	C_e	N_B

矩阵 Q

1	
1	
$-\frac{K_{12}}{2}$	K_{12}
T_v	η_k

注：* 为单级动力涡轮时，若双级动力则角轮对应为 $-b'_2b'_3b'_4N'_1N'_2N'_3$。

附录4　发动机设计选尺

矩阵 $\boldsymbol{P}$

	1	2	3	4	5	6	7	8
1	K_3							
2	1	1						
3		1				-1		
4			K_5-1		1			
5			1					
6	K_3K_4			1				
7				-1		$-K_3$		1
8					-1		1	1
	π_{t_1}	π_Σ	T_k	T_t	G_T	π_{t_2}	C_e	N_B

矩阵 $\boldsymbol{Q}$

1	2	3	4	5	6	7	8	9	10	11	12	13	14
K_1						-1		-1				-1	-1
1		1	1	1									
	1				-1								
							-1				1	K_5	1
K_1K_2						$-K_2$							
								$-K_4$				1	
									1	1	1		1
π_k	π_c	δ_v	δ_g	δ_v	δ_c	η_k	η_g	η_{t_1}	η_{t_2}	η_m	G_B	T_g	q